主编

面点制作技艺

中等职业教育旅游服务类专业教材

ZHONGDENG ZHIYE JIAOYU LÜYOU FUWULEI ZHUANYE JIAOCAI

本书编写委员会

主　　编　孙长杰　钱　峰

副 主 编　刘召全　刘文来

参编人员　刘艳蕾　刘鑫鑫　卓泽强

中国轻工业出版社

图书在版编目（CIP）数据

面点制作技艺 / 孙长杰，钱峰主编. —北京：中国轻工业出版社，2014.1

中等职业教育旅游服务类专业教材

ISBN 978-7-5019-9529-5

Ⅰ. ①面… Ⅱ. ①孙… ②钱… Ⅲ. ①面食 – 制作 – 中等专业学校 – 教材 Ⅳ. ①TS972.116

中国版本图书馆CIP数据核字（2013）第269084号

责任编辑：史祖福　万雪霁

策划编辑：史祖福　　　责任终审：劳国强　　　封面设计：锋尚设计

版式设计：锋尚设计　　责任校对：晋　洁　　　责任监印：张　可

出版发行：中国轻工业出版社（北京东长安街6号，邮编：100740）

印　　刷：河北鑫兆源印刷有限公司

经　　销：各地新华书店

版　　次：2014年 1 月第 1 版第 1 次印刷

开　　本：787×1092　1/16　　　印张：11

字　　数：251千字

书　　号：ISBN 978-7-5019-9529-5　　　　定价：23.00元

邮购电话：010-65241695　传真：65128352

发行电话：010-85119835　85119793　传真：85113293

网　　址：http：//www.chlip.com.cn

Email：club@chlip.com.cn

如发现图书残缺请直接与我社邮购联系调换

KG843-101258

序

在我国“十一五”渐行渐远的脚步声中，我们迎来了期盼已久的“十二五”。过去的“十一五”，我国的中等职业教育取得了辉煌的成就，其中，中等职业教育的教材改革与建设起到了举足轻重的作用。中国轻工业出版社秉承优良的传统理念，在积极推进我国中等职业教育的改革中，不遗余力，尽自己之所能鼎力支持我国中等职业教育的改革事业。为此，中国轻工业出版社在国家有关职业教育部门的指导下，特组织国内众多中等职业学校的顶尖烹饪专业教师，在全面总结“十一五”中等烹饪专业教材改革经验的基础上，汰劣存优，取长补短，大胆取舍，重新编写出版中等职业教育烹饪专业“十二五”规划系列教材，为我国中等职业教育的烹饪专业教学改革发挥引领作用，同时为“十二五”中等职业教育烹饪专业教学提供一套全新的、具有时代精神的、符合我国职业教育特色的专业教材。

本套教材在编写过程中，我们按照《教育部关于推进中等职业教育教学改革创新全面提高人才培养质量的意见（征求意见稿）》中规定的培养目标和要求，对编写内容进行了认真负责的探讨和论证，在突出中等职业教育特征的基础上，尽可能地吸收烹饪科学教学体系与我国餐饮业发展的最新研究成果和信息。但毕竟由于编者理解能力与知识结构有限，加之我国烹饪技术体系南北有所差异，书中肯定存在这样或那样的问题，书中的许多内容还有待进一步提炼与完善。

本套教材在编写过程中，各书作者参考、引用了国内外许多同类教材和相关的著作，其参考文献已分别列在各本教材之后，在此谨向所参考、引用的各书的著作者表示衷心的感谢。同时，本教材在编写过程中得到了各参编学校领导、教师、专家的大力支持，在此一并表示衷心的感谢。

赵建民

前言

近年来，随着我国社会经济的发展，国家对中等职业教育越来越重视，2005年，国务院在北京召开了全国职业教育工作会议，提出了“大力发展中国特色的职业教育，以服务社会现代化建设为宗旨，培养数以亿计的高素质劳动者和数以千万计的高技能专业人才，努力实现我国职业教育发展新跨越。”2010年，国务院审议通过了《国家中长期教育改革和发展规划纲要（2010—2020）》，这对中等职业教育来说，是新的机遇和挑战，国家对职业教育的发展达到了空前规模，为职业教育提供了更广大的政策支持和保障，这对中等职业教育的发展具有极其重要的意义。

随着社会的发展，餐饮行业的队伍迅速壮大，社会餐饮业发展迅速，数以千万的餐饮企业需要越来越多的技术人才，烹饪专业的人才需求已出现供不应求的局面。烹饪专业人才培养的市场越来越大，而中职烹饪专业的人才在从事餐饮行业的人员中，占到整个人员的一半以上。因此，结合餐饮行业的特点及烹饪人才的需求需要，根据国家对中职教育的发展意见，为提高教学质量，改进教学方法，不断推进教学改革，尽快地为社会培养更多更好的烹饪人才，我们在借鉴以往教学的基础上，组织有关人员编写了本教材。

《面点制作技艺》是中职烹饪专业的专业课教材之一，编写内容是根据当前中职烹饪专业面点制作技艺的理论体系逐步展开的，旨在提高学生对面点制作技艺方面的认识和掌握程度，提高面点制作的水平。本教材的特点在于将理论知识讲述的基本原理和面点制作的技能紧密结合起来。同时，又根据中职院校学生的具体特点和学习要求，深入浅出、通俗易懂地展开，具有很强的针对性和指导意义。

《面点制作技艺》包含的内容丰富，是烹饪专业不可缺少的重要组成部分，全书从面点制作技艺的基本功、面团、馅心等知识到面点的成熟方法等进行了详述，并列举面点制作实例，本着实用为主、够用为度的原则，以期为学生的就业和实际操作打下良好的基础。本书可作为职业院校烹饪、面点专业教材，也可作为餐饮行业职工培训教材。

本书由江苏省徐州技师学院孙长杰、钱峰担任主编，江苏省徐州技师学院刘召全、徐州第二职业中学刘文来担任副主编。此外，江苏省徐州技师学院刘艳蕾、刘鑫鑫、卓泽强参与了编写工作。全书由孙长杰、钱峰负责统稿。

在本书编写过程中，得到江苏省徐州技师学院相关领导的大力支持，在此表示衷心的感谢。

由于编者时间仓促、水平所限，书中缺点遗漏在所难免，不妥之处，恳请专家、同行及广大读者批评指正。

编　者

2013年6月

目录

模块一　面点制作基本功实训

模块二　面点成形实训

目录

目录

模块四　面点成熟实训

模块五　各类面团面点实训

目录

模块一

面点制作基本功实训

模块导读： 面点制作基本功实训是指在面点制作过程中所采用的最基本的制作技术及方法，包括调制面团、搓条、分剂、制作、成形和熟制等主要环节。

模块目标：
1. 了解和掌握面点制作基本功的方法。
2. 了解和掌握各种基本功的工艺流程。
3. 掌握面点制作基本功的技术关键。
4. 以实例达到举一反三的效果。
5. 指出学生实践操作中易出现的问题。

模块思考：
1. 面点制作基本功的概念是什么？
2. 面点制作基本功的操作要领有哪些？
3. 面点制作基本功主要有哪些手法？
4. 为什么说面点制作基本功是保证成品质量的关键？

项目一 面团调制实训

学习目标
1. 了解和掌握各种面团调制的方法。
2. 了解和掌握各种面团调制的工艺流程。
3. 掌握各种面团调制操作过程中的技术关键。
4. 以实例达到举一反三的效果。
5. 指出学生实际操作中易出现的问题。

面团调制也就是和面，是将各种原辅料按一定的比例要求调制成面团的过程。目前，主要有机器和面、手工和面两种方法。

（1）机器和面是将面点原料通过机械的搅拌，调制成面点制作所需要的各种不同性质的面团。

（2）手工和面是将面点原料通过人工的搅拌，调制成面点制作所需要的各种不同性质的面团。主要有抄拌法、搅拌法、调和法三种方法。

① 抄拌法：在粉料及配料中掺入水或其他液体物料后，用双手由下向上反复抄拌，使粉料与配料及水混合均匀的操作方法。这种方法常用于拌制松散的粉粒状面团，如松糕、绿豆糕等。

② 搅拌法：将配制好的各种原料放入容器内，一边加水或其他液体原料，一边用手或工具搅拌的操作方法。这种方法常用于浆糊状面团，如烫面、蛋糊面等。

③ 调和法：将面粉及各种辅料在案板上围成塘坑，加入水或其他液体原料调和后用手逐渐从里向外进行调和，待各种原辅料混合，揉成团块的操作方法。调和法是和面最常用的手法。

任务1 抄拌法

● 任务驱动

1. 了解抄拌法的概念。
2. 了解抄拌法适用的品种。
3. 熟练掌握抄拌法的操作方法。
4. 结合实例理解抄拌法的操作要点。

● 知识链接

将面粉放入缸（盆）中，中间掏一坑塘圆凹形，放入第一次水量，双手伸入缸中，从外向内，由下向上反复抄拌的方法。

抄拌时，用力均匀适量，手不沾水，以粉推水，水、粉结合，成为雪花状（有的叫穗形状），这时可加第二次水，继续用双手抄拌，使面呈结块状，然后把剩下的水洒在面上，搓揉成为面团。

常用于拌制松散的粉粒状面团，如松糕、绿豆糕等。

实例

月牙蒸饺

一、原料

富强粉500克，温水120克，鲜肉泥700克，姜末10克，葱末10克，酱油60克，精盐8克，黄酒20克，虾子6克，白糖50克，冷水100克，味精，香油适量

二、工艺流程

馅心调制→面团调制→生坯成形→制品熟制

三、制作步骤

1. 先将鲜肉泥加入葱姜末、酱油、虾子搅拌入味，然后分两次加入冷水100克，顺一个方向搅拌上劲后，放入白糖、味精、香油和成馅待用。

2. 将富强粉置于案上，开成窝状，加入温水120克，和成温水面团，稍醒置一下搓成长条，下成大小相等的剂子30只，按扁后，用双饺杆擀成9厘米直径、中间稍厚、边缘略薄的圆皮。左手托皮、右手用竹刮子刮入馅心，成一条枣核形，将皮子分成四六开，然后用左手大拇指弯起，用指关节顶住皮子的四成部位，以左手的食指顺长围住皮子的六成部位，以左手的中指放在拇指与食指的中间稍下的部位，托住饺子生坯，再用右手的食指和拇指的中间将六成皮子边捏出瓦楞式褶子12个，贴向四成皮子的边沿，捏合成月牙形生坯。

3. 生坯上笼，置旺火沸水锅上蒸约10分钟，视成品鼓起不粘手即可成熟。

四、操作要点

1. 面团要调制得硬实一些，成品才能挺立得住。

2. 剂子不宜过大，制作得要精巧细致。

五、风味特色

造型美观，皮薄馅嫩，口味鲜香。

六、相关面点

一品饺子，四喜饺子等。

七、思考题

1. 月牙蒸饺面团调制的原理是什么？
2. 月牙蒸饺的馅心是怎么调制的？

任务2 搅拌法

● 任务驱动

1. 了解搅拌法的概念。
2. 熟练掌握搅拌法的操作方法。
3. 结合实例理解搅拌法的操作要点。

● 知识链接

搅拌法是指将面粉倒入盆中，然后左手浇水，右手拿面杖搅和，边浇边搅，使其吃水均匀，搅匀成团的方法。搅拌法一般用于烫面和蛋糊面，有时还用于冷水面等。

① 和烫面时沸水要浇遍、浇匀，搅和要快，使水、面尽快混合均匀。

② 和蛋糊面时，必须顺着一个方向搅匀。

搅面的特点是柔软，有韧性。

实例

三鲜烧卖

一、原料

猪肉500克、笋400克、海米10克、酱油60克、面粉600克、热水300克、黄酱60克（或白糖30克）、水适量、葱姜末各6克、盐6克、黄酒12克、味精2克、水淀粉适量、香油20克

二、工艺流程

调制热水面团→制馅→擀皮→包馅→蒸熟

三、制作步骤

1. 先将500克面粉用开水打成雪花状，加入少许冷水调成稍硬面团，醒面。

2. 猪肉蒸熟，切0.4厘米见方的丁，笋切0.3厘米见方的丁，焯水备用，海米洗净备用。锅中加底油，烧热后下入猪肉丁，笋丁、海米炒干水汽，然后加入黄酒、葱姜末、黄酱炒出香味，下酱油、水、盐、味精炒制入味后勾芡或大火收汁，晾凉后，调入香油备用。

3. 面团搓条下剂，按扁，用单杆擀成荷叶边。左手托住坯皮，右手塌入馅心，一边塌一

边转动坯皮，使之渐渐收口。转动生坯，使烧卖颈部放入左手虎口中，不断调整形状，刮去多余馅心，使之成石榴形。上笼足汽蒸6分钟左右，不粘手，有光泽即成。

四、操作要点

1. 调制面团要硬。

2. 制馅时要切小丁，不能太大。

五、风味特色

形似石榴，半透明状，薄皮大馅，鲜香可口。

六、相关面点

翡翠烧卖，虾肉烧卖，糯米烧卖。

七、思考题

1. 为什么三鲜烧卖要用热水面团制作？

2. 烧卖皮的擀制方法有几种？如何进行擀制？

3. 烧卖的成形要领是什么？

任务3 调和法

● **任务驱动**

1. 了解调和法的概念。
2. 熟练掌握调和法的操作方法。
3. 结合实例理解调和法的操作要点。

● **知识链接**

调和法将面粉在案板上围成塘坑，加入水或其他液体原料调和后，用手逐渐从里向外进行调和，待各种原辅料混合，揉成团块的操作方法。

调和面团时，将水倒入面粉的中间，双手五指张开，从外向内，一点一点调和，待面粉和水结合成为片状后再掺适量的水，和在一起，揉成面团。适用于调制松散的颗粒状面团及化学膨松面团，如开口笑、麻枣等。

实例

一、原料

低筋粉150克、酥油75克、鸡蛋30克、白糖75克、苏打粉3克、泡打粉5克、杏仁碎50克、杏仁片少许

二、工艺流程

配料→和面→下剂→整形→烘烤→冷却→完成

三、制作步骤

1. 面粉、泡打粉、小苏打混合过筛，把杏仁碎倒入过筛的粉中混合均匀；将油、糖、鸡蛋液混合均匀；调和成团。

2. 把面团分成11个小球，每个小球35克，排入烤盘；把小球压扁，上面按上杏仁片装饰。

3. 放入预热至180℃烤箱，15分钟，出炉。

四、操作要点

1. 用料比例要准确。

2. 成形大小一致。

五、风味特色

色泽金黄，口感香酥。

六、相关面点

五仁酥，瓜子酥，花生酥等。

七、思考题

1. 泡打粉、苏打粉在杏仁酥中的作用是什么?

2. 中筋粉可以制作杏仁酥吗?

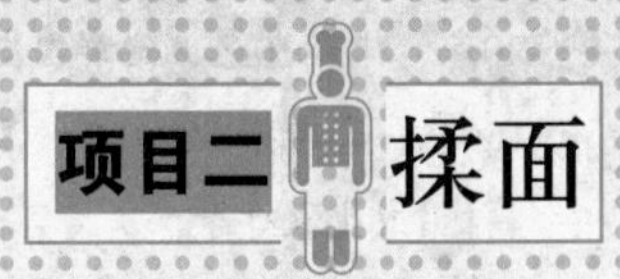

项目二 揉面

学习目标 1. 了解和掌握揉面方法。
2. 了解和掌握各种揉面的工艺流程。
3. 掌握揉面操作过程中的技术关键。
4. 以实例达到举一反三的效果。
5. 指出学生实践操作中易出现的问题。

揉面是在面粉颗粒吸收水分发生粘连的基础上，通过反复揉搓使各种原料、辅料调和均匀，充分吸收水分后形成面团的过程。

揉面主要有揉、捣、搋、摔、擦、叠等方法。

任务1 捣

- **任务驱动**

1. 了解捣的概念。
2. 熟练掌握捣的操作方法。
3. 结合实例理解捣的操作要点。

- **知识链接**

捣是在和面后，双手握拳在面团各处用力从上向下捣压的操作方法。

“要想面好吃，拳头捣一千”，意思就是在和面后，放在缸盆或桌面上，双手握紧拳头，在面团各处，用力向下捣压，力量越大越好。当面被捣压挤向缸的周围时，再把它叠拢到中间，继续捣压，如此反复多次，一直到把面团捣透上劲为止。

实例

小笼汤包

一、原料

面粉250克、冷水100克、生肉泥300克、虾子2克、葱末15克、姜末10克、盐30克、酱油20克、味精10克、猪鲜肉皮250克、鸡爪、骨等150克、带肉猪骨250克、葱段20克、姜片15克、萝卜片或生菜叶等

二、工艺流程

馅心调制→面团调制→生坯成形→熟制→成品

三、制作步骤

1. 将鲜肉皮焯水除去毛污，反复三遍后，入水锅，放入葱、姜、黄酒、虾子及鸡爪、肉骨头等，大火烧开，小火加热至肉皮一捏即碎，取出熟肉皮及鸡、骨等，肉皮入绞肉机绞三遍后返回原汤锅中，再小火熬至黏稠，放入盐、味精等调好味，过滤去渣，冷却成皮冻。将肉泥加葱、姜、盐、酱油、白糖、味精、水等调上劲，加入绞碎的皮冻拌成馅。

2. 将面粉加冷水搋制，最后揉成冷水面团。将面团搓条、摘剂、擀成很薄的圆皮，包上皮冻馅，捏成汤包形。上笼蒸6分钟即可。

四、操作要点

1. 和面时要反复搋揉。

2. 包捏成形时，右手中指应与拇指、食指配合，抵出汤包“嘴边”，然后将嘴封死。

五、风味特色

皮薄味鲜，卤汁盈口，爽滑不腻。

六、相关面点

刀鱼卤面，枫镇大面，文楼汤包等。

七、思考题

1. 为什么小笼汤包要用冷水面团制作？

2. 制作小笼汤包的坯皮选用什么粉最好？

任务2 揉

任务驱动

1. 了解揉的概念。
2. 熟练掌握揉的操作方法。
3. 结合实例理解揉的操作要领。

知识链接

揉是通过双手反复揉搓，将和好的面团揉润、揉光、揉匀的操作方法。根据面团的大小，可采用单手揉、双手揉和双手交替揉的手法。

揉时身体不能靠住案板，两脚稍分开，站成丁字步，身子站正，不可歪斜，上身可向前稍弯，这样，使劲用力揉时，不至于推动案板，并可防止粉料外落，造成浪费。

在揉小量面团时，主要是用右手使劲，左手相帮，要摊得开，卷得拢，五指并用，使劲揉匀。

揉时，全身和膀子要用力，特别是要用腕力。一般的手法是双手掌根压住面团，用力伴缩向外推动，把面团摊开，从外逐步推卷回来成团，翻上“接口”，再向外推动摊开来，揉到一定程度，改为双手交叉向两侧推摊、摊开、卷叠、再摊开，再卷叠，直到揉匀揉透，面团光滑为止。也可以用左手拿住面团一头，右手掌根将面团压住，向另一头推开，再卷拢回来，翻上“接口”，继续再推、再卷，反复多次，揉匀为止。

实例

一、原料

黑米100克、面粉1000克、酵母15克

二、工艺流程

面团调制→发酵→生坯成形→制品熟制

三、制作步骤

1. 黑米洗净泡12小时，连水一起倒进料理机里搅打两个一分钟；面粉和酵母放一起搅匀；倒入黑米糊；揉成团；发酵。
2. 分成每个30克重的剂子；揉圆成馒头生坯；醒发20分钟。
3. 旺火蒸25分钟即可。

四、操作要点

1. 面团的发酵程度要正确。
2. 揉面时的方向要一致。

五、风味特色

形状饱满，米香暄软。

六、相关面点

夹心馒头，黑芝麻双色馒头等。

七、思考题

1. 如何判断发酵是否合适？
2. 馒头成熟应是什么火候？

任务3 搋

● **任务驱动**

1. 了解搋的概念。
2. 熟练掌握搋的操作方法。
3. 结合实例理解搋的操作要领。

● **知识链接**

搋是面团和好后，双手握拳，交叉在面团上搋压，使面团向四周摊开再卷拢在一起的操作方法。

揣时双手要握紧拳头，交叉在面团上揣压，边揣边压边推，把面团向外揣开，然后卷拢再揣。揣比揉的劲大，能使面团更加均匀。特别是量大的面团，都需要揣的动作，还有一些成品需要沾水揣，但只能一小块一小块地进行。

实例

一、原料

面粉500克、清水450克、猪肉蓉300克、姜末10克、盐10克、味精5克、酱油25克、韭菜500克、花椒水适量、香油15克

二、工艺流程

馅心调制→面团调制→生坯成形→制品熟制

三、制作步骤

1. 将猪肉蓉馅放入盆内，加入酱油、盐、味精、姜末、花椒水拌匀，再分数次搅入100克清水，搅至肉馅呈黏稠状。加入择洗干净切碎的韭菜、香油，搅拌均匀待用。

2. 面粉放入盆内，加入清水350克揣成柔软光滑的面团。将面团放在案子上，搓成条，下剂，按扁，包入馅心收口，揪下面头，按扁。

3. 饼铛烧热，放入少量油，将生坯放入铛内，淋上油，两面煎成金黄色即可。

四、操作要点

1. 和面不能过软，和好后必须醒面柔润。

2. 馅心要大，收口要严。

3. 电饼铛温度要适当。

五、风味特色

色泽金黄，皮薄馅大，口味鲜香。

六、相关面点

葱花饼，家常饼等。

七、思考题

1. 制作馅饼面团为什么要用揣的方法？

2. 制作馅饼的面团有哪些要求？

● 任务驱动

1. 了解摔的概念。

2. 熟练掌握摔的操作方法。

● 知识链接

摔是双手或单手拿住和好的面团，举起后反复摔在案板上，使面团增加劲力的操作方法。

摔时可用右手抓住面团，快速提起面团，然后摔在案板上。摔时动作要快。

实例

八股油条

一、原料

面粉5千克、温水325克、明矾粉100克、食碱50克、食盐100克、花生油5千克（约耗2.5千克）

二、工艺流程

选料→准备原料→面团调制→生坯成形→制品熟制

三、制作步骤

1. 把精盐、食碱、明矾粉用水化开，再倒入325克温水（冬季用热水）搅匀，然后加入面粉和匀，摔打面块，然后揉至面块表皮光亮，静置20分钟。

2. 将面块放到抹过油的案板上，切成若干块，取一块抻拉成宽5厘米的扁条，抹上一层油，用刀竖切成2厘米宽的面剂条，取8条呈4上4下摆放，油面相贴依次放好，两头用双手食指各按一下，拉成20厘米左右的条。待锅内油沸时，捏住两根，把相粘的条理开，每边四条，中间空心，成椭圆形。炸至金黄色出锅。

四、操作要点

1. 掌握好矾、碱、盐的用量及比例。

2. 炸制温度要高，一般为七成油温。

五、风味特色

脆香可口，成形别致，因有八坯，故称八股油条。

六、相关面点

刀削面，拉面等。

七、思考题

1. 摔打面团可以起到什么作用？

2. 矾、碱、盐在面团中起哪些作用？

任务5 擦

- **任务驱动**

1. 了解擦的概念。
2. 熟练掌握擦的操作方法。
3. 理解擦在面点操作中的作用。
4. 结合实例理解擦的操作要领。

- **知识链接**

擦是粉料与油脂等混合后，用双手掌根反复逐层向外推擦，使原料、辅料混合均匀的操作方法。

擦时用手掌根，把面一层层向前边推边擦，面团推擦开后，滚回身前，卷拢成团，仍用前法，继续向前推揉，直到擦匀擦透。

实例

双麻酥饼

一、原料

面粉450克、冷熟猪油170克、温水100克、果脯300克、糖猪板油丁100克、白糖100克、米稀20克、熟面粉100克

二、工艺流程

选料→馅心调制→面团调制→生坯成形→制品熟制

三、制作步骤

1. 将果脯去核切成小丁，与切碎的糖板油丁、熟面粉、白糖搅拌成馅，捏成20只小团。

2. 取面粉200克、冷熟猪油120克，擦成干油酥；另取面粉200克，加温水100克、冷熟猪油50克，揉成水油面。留下的50克做干粉用。

3. 将水油面揉透，干油酥擦匀，以水油面与干油酥为6∶4的比例分别下剂，用水油面包干油酥，收口按扁，擀成长条形，顺长对折，再擀成长条形，顺长卷起成卷状，将两头向中间折起，擀成酥皮，包入豆沙馅，收口朝下，按成圆饼形，将米稀用水稀释，刷在饼坯上，粘上芝麻，摆入烤盘。

4. 烤箱升温，上火220℃，下火200℃，将饼坯放入，烤至表面金黄色即可。

四、操作要点

1. 调制干油酥、水油面时的用料比例要适当，包酥时的比例要适当。

2. 控制好烘烤的温度。

五、风味特色

表面金黄，皮酥馅软，香酥适口。

六、相关面点

萝卜丝酥饼，盘丝饼等。

七、思考题

1. 包酥的要点有哪些?

2. 烤制时的操作要点是什么?

项目三 搓条

学习目标

1. 了解和掌握搓条方法。
2. 了解和掌握搓条方法的工艺流程。
3. 掌握搓条操作过程中的技术关键。
4. 以实例达到举一反三的效果。
5. 指出学生实践操作中易出现的问题。

任务驱动

1. 了解搓条的概念。
2. 熟练掌握搓条的操作方法。
3. 结合实例理解搓条的操作要领。

知识链接

搓条是将揉好的面团通过拉、捏、搡等方法使之成为条状，然后双后掌根压在条上，同时适当用力，来回推搓滚动面团，并用两手向两侧抻动，使面团向两侧慢慢延伸，成为粗细均匀的圆形条状的操作过程。

要求两手用力均匀，用手掌搓，滚动面团，使面条均匀、光洁。面条的粗细，要根据面剂的大小确定。

搓条时要注意以下几点：

（1）搓时，要搓、搡、抻相结合，边搡边搓，使面团始终呈粘连凝结状态，并向两头延伸。

（2）两手着力均匀，防止一边大一边小，使条粗细不匀。

（3）要用掌根撴实推搓，不能用掌心。因掌心发空，撴不平，压不实，不但搓不光洁，而且不易搓匀。

实例

麻花

一、原料

面粉500克、白糖200克、菜籽油50克、泡打粉8克、清水150克、色拉油2千克

二、工艺流程

准备原料→面团调制→生坯成形→制品熟制

三、制作步骤

1. 将白糖与清水150克一起放入锅中熬化成糖水，晾凉，加入色拉油50克拌匀，一起加入到面粉、泡打粉中揉成面团，醒置。

2. 将醒好的面团加点清水揉光滑，擀成5厘米宽、1厘米厚的长条，切成细条约100根，将细条搓上劲，对折绕起，再搓上劲，将单的一头穿入双的一头中，即成生坯。

3. 将生坯放入五成热的油锅中炸至色泽金黄即成。

四、操作要点

1. 掌握好泡打粉、油、糖的用量。

2. 搓条要细。

五、风味特色

色泽金黄，口感酥香。

六、相关面点

天津大麻花，麻油馓子等。

七、思考题

1. 六股麻花的制作方法是什么？

2. 炸制时的油温如何掌握？

项目四 下剂

学习目标 1. 了解和掌握各种下剂的方法。
2. 了解和掌握各种下剂方法的工艺流程。
3. 掌握操作过程中的技术关键。
4. 以实例达到举一反三的效果。
5. 指出学生实践操作中易出现的问题。

下剂又称分剂、掐剂等，是将搓条后的面坯分成大小一致的剂子的操作过程。根据各种面团的性质，常用的分剂方法有揪剂、挖剂、拉剂、剁（切）剂等。

任务1 揪剂

- 任务驱动

1. 了解揪剂的概念。
2. 熟练掌握揪剂的操作方法。
3. 结合实例理解揪剂的操作要领。

- 知识链接

揪剂又叫摘坯、摘剂，是指左手握剂，右手推摘的操作方法。

揪剂时，左手握住剂条，从左手拇指与食指间露出相当于坯子需要大小的截面，用右手大拇指和食指轻轻捏住，并顺势往下前方推摘，即摘下一个坯子。

实例

翡翠烧卖

一、原料

面粉500克、荠菜1500克、熟猪油500克、白糖750克、盐7克

二、工艺流程

馅心调制→面团调制→生坯成形→制品熟制→成品

三、制作步骤

1. 将荠菜择洗干净，在开水中焯过，放入冷水中浸泡，剁成蓉，挤出水分，撒上盐拌匀，然后放入白糖、熟猪油拌匀备用。

2. 将面粉放在盆内，用开水200克烫熟，晾凉，揉至面团光滑。

3. 搓条下剂，每剂20克，用烧卖槌擀成荷叶边皮，面皮直径10厘米。每个皮上馅35克，用手拢起，不必捏紧，成石榴状，让馅微露。

4. 蒸锅烧开，摆上生坯，旺火蒸5~6分钟即熟。

四、操作要点

1. 馅心一定要用绿叶蔬菜。

2. 面坯要烫熟，不夹生粉粒。

五、风味特色

皮薄似纸，馅心碧绿，色如翡翠，糖油盈口，甜润清香。

六、相关面点

小笼汤包，生肉包子，糯米烧卖等。

七、思考题

1. 怎样擀制烧卖皮?

2. 三鲜烧卖的做法是什么?

任务2 挖剂

任务驱动

1. 了解挖剂的概念。
2. 熟练掌握挖剂的操作方法。
3. 结合实例理解挖剂的操作要领。

知识链接

挖剂是左手握住或按住面剂的一端，右手四指弯曲成铲形，手心向上，四指同时铲入截面往上一揪，使坯段截面断开的操作方法。

面团搓条后，放在案板上，左手按住，从拇指和食指间（虎口处）露出坯段，即成一个剂子。然后把左手向左移动，让出一个剂子坯段，重复操作。挖下的剂子一般为长圆形，有秩序地戳在案板上。

实例

一、原料

面粉700克、面肥50克、食用碱5克、温水175克

二、工艺流程

选料→馅心调制→面团调制→生坯成形→制品熟制→成品

三、制作步骤

1. 将500克面粉放在案子上，开成窝形，加入50克面肥，175克温水，揉和成面坯，盖上洁净的湿布，静置发酵。

2. 面坯发起发足后，加入适量溶化后的碱水，戗入30%~40%的干面粉（即150~200克），反复揉搓。

3. 将揉光滑后的戗酵面，搓成粗细均匀的长条，用挖剂的方法下成重约60克的剂子。

4. 将下好的剂子揉成顶部为半圆球状，直径约3厘米、高7厘米的圆柱形，放在盒盘内盖好，在28℃左右的温度下醒发20分钟左右。

5. 将生坯放入屉内，上蒸锅旺火蒸制20分钟。

四、操作要点

1. 掺水量要少。

2. 面团起发适度。

3. 投碱量准确。

五、风味特色

色泽洁白，形态直立圆正，光亮润滑，吃口干硬，咬劲大，麦香味浓。

六、相关面点

机器馒头，手工馒头等。

七、思考题

1. 高桩馒头的制作要点是什么？

2. 如何掌握投碱量？

任务3 拉剂

● **任务驱动**

1. 了解拉剂的概念。
2. 熟练掌握拉剂的操作方法。
3. 结合实例理解拉剂的操作要领。

● **知识链接**

拉剂是指用右手五指抓起适当剂量的坯面，左手抵住面团，拉断即成一个剂子的操作方法。

拉剂时可用右手五指抓起适当剂量的坯面，左手抵住面团，拉断即成一个剂子。再抓，再拉，如此重复。如馅饼的下剂方法即属于这种方法。如果坯剂规格很小，也可用三个手指拉下。

实例

猪肉粉丝馅饼

一、原料

面粉500克、猪肉蓉300克、盐10克、粉丝500克、味精5克、酱油25克、香油15克、葱末30克、姜末10克、花椒水适量

二、工艺流程

选料→馅心调制→面团调制→生坯成形→制品熟制→成品

三、制作步骤

1. 将猪肉馅放入盆内，加入酱油、盐、味精、葱姜末、花椒水拌匀，再分数次搅入100克清水，搅至肉馅呈黏稠状；粉丝泡软、切碎，放入肉馅内，加入香油，搅拌均匀待用。

2. 面粉放入盆内，加入清水350克擁成柔软光滑的面团。

3. 将面团放在案子上，搓成条，下剂（挖剂），按扁，包入馅心收口，揪下面头，按扁。

4. 电饼铛烧热，放入少量油，将生坯放入铛内，淋上少许油，两面烙成金黄色即可。

四、操作要点

1. 和面不能过软，和后必须醒面柔润。
2. 馅心要大，收口要严。
3. 电饼铛温度要适当。

五、风味特色

色泽金黄，皮薄馅大，口味鲜香。

六、相关面点

葱花饼，家常饼等。

七、思考题

1. 馅饼还有哪些做法?
2. 制作馅饼的操作要点有哪些?

任务4 剁（切）剂

● 任务驱动

1. 了解剁（切）剂的概念。
2. 熟练掌握剁（切）剂的操作方法。
3. 结合实例理解剁（切）剂的操作要领。

● 知识链接

剁剂是指在搓好剂条后，放在案板上拉直，根据剂量大小，用厨刀一刀一刀剁下的操作方法。

切剂常用于切制明酥面剂，以保证截面酥层清晰。也有时用于馒头的切制。

剁剂时为了防止剁下的剂子相互粘连，可在剁时用左手配合，把剁下的剂子一前一后错开排列整齐。这种方法速度快，效率高，但有时会出现大小不匀的情况。

实例

花卷

一、原料

面粉500克、牛奶260克、酵母5克、盐3克、糖15克、葱花20克、色拉油100克、黑胡椒粉5克

二、工艺流程

称料→面团调制→生坯成形→制品熟制→成品

三、制作步骤

1. 将牛奶微微加热，然后将溶化的酵母倒入牛奶中，静置5分钟，与面粉、3克盐、15克糖和5克色拉油揉成面团，置温暖处发酵至两倍大，再揉匀。

2. 面团擀成长方形，碗里放少许色拉油，加入盐、黑胡椒粉，搅匀，刷在面片上，再撒上葱花卷起。

3. 切小段，用筷子在中间压一压将两端向下交接捏紧，即成花卷。

4. 蒸屉刷油，花卷生坯放入蒸锅，凉水上锅，中火，蒸15分钟。

四、操作要点

1. 面团要揉匀揉透。

2. 在成形时搓条要均匀。

五、风味特色

口感松软，葱香浓郁。

六、相关面点

高桩馒头，蝴蝶卷等。

七、思考题

1. 制作花卷的关键是什么?

2. 面团发酵的关键是什么?

项目五 制皮

学习目标

1. 了解和掌握各种制皮方法。
2. 了解和掌握各种制皮方法的工艺流程。
3. 掌握操作过程中的技术关键。
4. 以实例达到举一反三的效果。
5. 指出学生实际操作中易出现的问题。

制皮是将面团或面剂，按照品种的生产要求或包馅操作的要求加工成坯皮的过程。在操作顺序上，有的在分坯后进行制皮，有的则在制皮后再进行分坯。常用的制皮方法有擀皮、捍皮、压皮、摊皮、按皮、拍皮、敲皮等。

任务1 擀皮

- **任务驱动**

1. 了解擀皮的概念。
2. 了解擀皮的分类。
3. 熟练掌握擀皮的操作方法。
4. 结合实例理解擀皮的操作要领。

- **知识链接**

擀皮是指将面剂按扁后，用擀杖（有面杖、橄榄杖、通心槌）将其擀制成中间稍厚、边缘稍薄的圆皮的制作过程。

擀皮的方式一般有“平展擀制”与“旋转擀制”两种。按工具使用方法，分单手擀制、双手擀制两种。根据品种的不同，可选用不同的工具。例如：① 饺子皮的擀制方法有面杖擀法和橄榄杖擀法两种；② 烧卖皮的擀制方法有通心槌擀法和橄榄擀法两种；③ 馄饨皮擀法与上述两种皮子的擀法不同，馄饨皮擀制的方式为“平展擀制”，不下小剂，用大块面团；不用小面杖，用大面杖。

实例

蜻蜓蒸饺

一、原料

面粉500克、鲜肉馅400克、青豆80粒

二、工艺流程

选料→馅心调制→面团调制→生坯成形→制品熟制

三、制作步骤

1. 将面粉放入盆内，加入温水200克和匀，揉成面团，再搓成长条，揪成40个剂子，按扁，擀成12厘米长、7厘米宽的椭圆形皮子。

2. 取面皮一张，包入肉馅10克，将窄处对折、捏拢，再将捏拢处横向捏一下，形成上下两个孔洞。上面一个孔洞的顶端作眼窝用，两边的各1/3向中心合并成一对上翅，顶端的1/3部分以中心点向里推进粘住，形成两个眼窝。下面的一个孔洞也同样三等分，两旁的1/3部分，复合粘住中心成两个下翅，余下的1/3作身体捏拢，捏拢口留1厘米左右向外翻，用尖头筷子夹出一节节的体形，至尾部用剪刀剪出一小叉，形成蜻蜓尾巴。两个眼窝中各放进一粒青豆作眼珠；两对翅膀略向下翻出，用花钳钳出花纹即成蜻蜓饺生坯。

3. 将其装入笼屉内，置沸水锅上用旺火蒸熟即成。

四、操作要点

1. 皮子擀成椭圆。

2. 皮子边缘分份。

五、风味特色

形似蜻蜓，馅心鲜香。

六、相关面点

青菜蒸饺，梅花蒸饺等。

七、思考题

1. 皮子怎样才能擀成椭圆形？

2. 怎样才能包好蜻蜓蒸饺？

任务2 捏皮

- 任务驱动

1. 了解捏皮的概念。
2. 熟练掌握捏皮的操作方法。
3. 结合实例理解捏皮的操作要领。

● 知识链接

捏皮一般是把剂子用双手揉匀搓圆，再用双手捏成圆壳形，包馅收口的操作方法。

捏皮前先把剂子用手揉匀揉圆，再用双手手指捏成壳形，包馅收口，一般称为捏窝。

实例

苹果包

一、原料

面粉500克、吉士粉70克、酵母8克、糖50克、泡打粉6克、果味馅心200克

二、工艺流程

面团调制→搓条下剂→生坯成形→醒面发酵→制品熟制

三、制作步骤

1. 面粉、吉士粉、糖、酵母、泡打粉和适量的温水调和成面团，揉光醒发半小时搓条下剂子包入果味馅心搓成圆球形。

2. 用筷子在圆包上面压一个窝，再次醒发半小时左右放入蒸笼蒸熟。稍晾一会儿。

3. 用牙刷沾一点食用红色素，用筷子拨打刷毛，让色彩均匀的反弹在包子上。

四、操作要点

1. 坯皮要略硬，成品才挺得住。

2. 剂子不宜过大，馅量要视品种而定，制作要精巧细致。

3. 牙刷中的水分要很少，弹出的雾滴才会很细，效果才会很逼真。

五、风味特色

造型美观，苹果形状逼真。

六、相关面点

刺猬包，金鱼饺等。

七、思考题

1. 苹果包醒发的时间以及醒发的状态是怎样的?

2. 掌握苹果包成形的手法?

任务3 压皮

● 任务驱动

1. 了解压皮的概念。
2. 熟练掌握压皮的操作方法。

● 知识链接

压皮是指用刀或特殊工具将没有韧性的剂子压扁，可稍使劲旋压，使之成为圆形的操作过程。

压皮时，先将剂子截面向上，用手略摁，右手拿刀（或其他光滑、平整的工

具）放平，压在剂子上，稍使劲旋压，成为圆形皮子。要求压成的坯皮平展、圆整、厚薄大小适当。

实例

娥姐粉果

一、原料

澄粉450克、生粉75克、精盐5克、水750克、熟猪油15克、粉果馅1100克、香菜45克、蟹粉50克

二、工艺流程

澄粉+盐+沸水→搅拌均匀→焖制→生粉+色拉油→揉制成团

三、制作步骤

1. 将清水放入不锈钢锅中煮沸，加入精盐，将锅离火，将澄粉倒进锅中搅拌均匀，加盖焖几分钟，然后将熟澄面倒在案板上，揉至光滑、加入熟猪油揉匀即成。

2. 将香菜洗净选用叶子，蟹黄剁碎，把粉果馅分成90份备用。

3. 澄粉面团分成90只面剂，压扁擀薄成直径7厘米的圆皮，每张皮包1份馅心、香菜叶1片和蟹黄少许，捏成角形，放在已抹过油的蒸笼内。

4. 上蒸锅旺火足汽蒸3分钟即成。

四、操作要点

1. 必须用沸水烫制才能产生透明感。

2. 烫制后需要焖制5分钟，使粉受热均匀。

3. 澄粉与沸水的重量比约为1∶1.4。

4. 调粉时要加点盐、色拉油。

5. 调好的面团要用干净的湿布盖醒，防止面团干硬、开裂。

五、风味特色

皮薄透明，馅心可见，色白柔软，鲜美甘香。

六、相关面点

水晶饺子等。

七、思考题

1. 澄粉、生粉的比例是多少？

2. 娥姐粉果的制作关键是什么？

任务4 摊皮

● **任务驱动**

1. 了解摊皮的概念和分类。
2. 熟练掌握各种摊皮方法。
3. 结合实例理解摊皮的操作要领。

● **知识链接**

摊皮是指将稀流面或糊面抖入或倒入锅中，使其在锅中沾成一张圆薄皮的制作过程。

摊皮时根据品种的不同，也有不同的操作方法：

（1）卷皮时，可将平锅架火上（火力不能太旺），右手持柔软下流的面团不停的抖动（防止流下），顺势向锅内一甩，锅上就会被沾上一张圆皮，等锅上的皮受热成熟，取下，再摊第二张。摊皮技术性很强，摊好的皮要求形圆，厚薄均匀，没有气眼，大小一致。

（2）饼皮时，铁锅架火上（火力不能太旺），将部分稀面糊倒入锅中，趁势转动铁锅，使稀面糊随锅流动，转成圆形坯皮状，受热凝固，即形成一张平整的坯皮。摊皮时要求厚薄均匀，大小一致，圆整。

实例

一、原料

面粉200克、盐10克、猪肉500克、水淀粉5克、冬笋200克、水发冬菇200克、豆芽菜100克、韭菜25克，盐10克、味精10克、酱油30克、胡椒粉10克、黄酒20克、葱姜丝适量

二、工艺流程

选料→馅心调制→面团调制→生坯成形→熟制

三、制作步骤

1. 将猪肉洗净切成丝，用水淀粉浆好；冬菇剪去菌柄洗净，切成丝；冬笋也切成丝，用开水氽透捞出；控干水分；豆芽菜用锅煸熟；韭菜切成寸段。

2. 上火烧热，加入油，烧至150~170℃，放入浆好的肉丝，过油滑散，倒出控干油。用原锅加入冬菇丝、笋丝炒匀，下入黄酒烹炒后加入酱油、盐5克、胡椒粉、味精、葱姜丝、肉丝、豆芽菜，调好口味，用少量水淀粉勾芡拌匀后盛入盘内冷却后拌均匀备用。

3. 面粉倒在缸盆内，加盐5克，用300克水和成软面团，然后搋面、摔打。

4. 平锅放火上，烧至烫手时，用右手抓起面团，在平锅上旋转烙成直径15厘米的薄圆皮。

5. 将春卷皮放在案子上，放上馅心，卷裹成长条，两端折起，再卷，然后用湿淀粉封口，即成春卷生坯。

6. 油锅烧至160~180℃，将生坯入油锅炸制，呈金黄色捞出。

四、操作要点

1. 制皮时，平锅温度要适当，皮子不可焦煳。

2. 春卷要卷紧、粘牢，炸制火候要适当。

五、风味特色

外皮松脆，皮薄馅多，口味鲜美。

六、相关面点

韭香锅摊，鸡蛋饼等。

七、思考题

1. 摊的要点是什么？

2. 摊制时的温度和时间是多少？

模块二 面点成形实训

模块导读： 成形技术即用调制好的面团和坯皮，按照面点的要求，包馅(或不包馅心)，运用各种方法，制成各式各样形状的成品或半成品。成形后再经过加热熟制就是定形制品。

面点成形是一项技术性较强的工作，它是面点制作的重要组成部分。面点和菜肴一样，也要求色、香、味、形俱佳，而面点的形态美观尤为重要，它形成了面点的特色。如包、饼、糕、团以及色泽鲜艳、形态逼真的象形花色制品，都体现了中式面点独有的特色。

由于面点制品花色繁多，成形方法也是多种多样。面点制作工艺流程可分为和面、揉面、搓条、下剂、制皮、上馅，再用各种手法成形。前几道工序，属于基本技术范围，与成形紧密联系，对成形品质影响较大。

模块目标：

1. 了解和掌握各种面点成形方法。
2. 了解和掌握各种面点成形工艺流程。
3. 掌握操作过程中的技术关键。
4. 以实例达到举一反三的效果。
5. 指出学生实践操作中易出现的问题。

模块思考：

1. 成形技艺主要包括哪几类？
2. 刀削面的操作要点包括哪几方面？
3. 模具成形的方法有哪些？
4. 捏的手法分为哪几种？

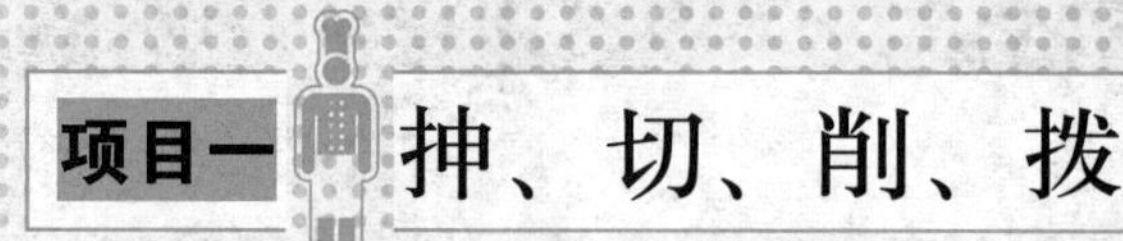

项目一 抻、切、削、拨

学习目标

1. 了解和掌握抻、切、削、拨的成形方法。
2. 了解和掌握抻、切、削、拨成形的工艺流程。
3. 掌握抻、切、削、拨在操作过程中的技术关键。
4. 以抻、切、削、拨的实例达到举一反三的效果。
5. 指出学生实践操作中易出现的问题。

这一类成形技法主要用于地方面食的制作，成品形态简单，多为条形，只是粗细、长短、圆扁、宽窄有别。然而，这一类成形技法技术难度大，技术针对性强，适用的特色品种有抻面、小刀面、刀削面、拨鱼面等。抻、切、削、拨统称为我国面食制作的四大技术。

任务1 抻

任务驱动

1. 了解抻的概念。
2. 熟练掌握抻的操作方法。
3. 结合实例理解抻的操作要领。

知识链接

抻一般叫抻面，有的地区叫拉面，是我国面点制作中的一项独有的技术，为北方面条制作之一绝。它是将调制成的柔软面团，经双手反复抖动，抻拉、扣合、最后折

合抻拉成条丝等形状制品的方法。抻出的面条吃口筋道，柔润滑爽。

抻的用途很广，不仅制作一般拉面、龙须面要用此种方法，制作金丝卷、银丝卷、一窝丝酥、盘丝饼等都需要先将面团抻成条或丝后再制作成形。抻出的面条形状可为扁条、棱角条、圆条等，按粗细可分为粗条、中细条、细条和特细条等。

操作时，其步骤主要有三个，即和面、溜条、出条。一般抻面的粗细由扣数多少确定，扣数越多，条越细。若面条根数以z表示，扣数以n表示，则$z=2^n$.一般的拉面为8扣左右，龙须面的扣数则需13扣以上，一般不超过16扣。

溜条时，两臂端平，用力均匀一致，逐步抻开，然后再两手交叉并条，直至将面条溜匀、溜顺，溜出筋力。出条时动作迅速，一气呵成。

实例

抻面

一、原料

面粉1500克、盐13克、碱面15克、水600克

二、工艺流程

和面→溜条→出条→熟制

三、制作步骤

1. 把面粉1000…
盐和碱，反复…
30分钟。面团醒…
致，最后揉成一根粗…

2. 用双手分别握…
上交叉搭扣，直到将面拉…
头，离开案板，交叉搭扣并…
动，一左搭扣，一右搭扣这样反…
溜成粗细均匀时即可。

3. 在面案上撒上面粉，把溜好…
一抻。顺势将抻出稍细的条放在案子上，…
条搓匀，撒上面粉拉开，这时左手将面头…
右手挑起另一头，慢慢拉长，待拉长后将右手的面头交到左手，撒匀面粉，反复数次。待面条粗细均匀，再把面条对折过来，切去两头，把面条放入锅中煮熟，根据个人不同口味，加入各种美味调料即可。

四、操作要点

1. 溜条是抻面的重要环节，溜条时，两臂…
…用力均匀一致，逐步抻开，然后再两手交…
…至将面条溜匀、溜顺，溜出筋力。
…时动作迅速，一气呵成。

…色

…道特殊，深受欢迎。

…哪些要点?

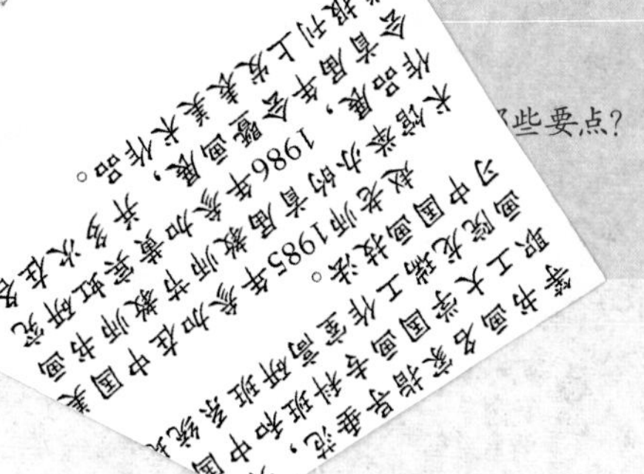

任务2 切

任务驱动

1. 了解切的概念。
2. 熟练掌握切的操作方法。
3. 结合实例理解切的操作要领。

知识链接

切是以刀为主要工具，将加工成一定形状的面坯割而成形的一种方法。常与擀、压、卷、揉、叠等成形方法连用，它主要用于面条、刀切馒头、花卷、糍粑等，以及成熟后改刀成形的糕制品，如三色蛋糕、千层油糕、枣泥拉糕、蜂糖糕、凉卷等的成形，并为下剂的手法之一，如油条、麻花等的下剂。

切法最有特色的是切面，分为手工切面和机器切面两种。机器切面分为和面、压皮、刀切三道生产工序，一般批量生产，劳动强度小，产量高，能保持一定质量，已在饮食业中普遍使用。但手工切面仍有其不可取代的特点，伊府面、过桥面、河南“焙面”等还是使用手工切法。

糕制品切块，可切成大小相同的小正方形、长方形、菱形或其他形状，切时需落刀准、下刀快，保证成品整齐完整。

擀皮时，用力一致，使面皮厚薄均匀，切时要落刀准，下刀快，保持成品整齐，规格一致。

实例

鳝丝过桥面

一、原料

鳝丝75克、面粉200克、水80克、盐10克、酱油20克、味精10克、白糖15克、胡椒粉6克、色拉油20克、葱姜末少许、香油适量

二、工艺流程

制作面卤→和面→成形→成熟→组合上席

三、制作步骤

1. 煸炒葱姜末，加鳝丝翻炒，加入盐、酱油、白糖、胡椒粉、味精，烧开勾芡加入香油装入碗中。

2. 面粉倒在案子上开窝加入水，先拌成雪花状再揉成光滑的面团，用面杖擀或杠子压制面团，成薄厚均匀的面片。将面片撒上干粉，按下宽上窄一反一正折叠起来，左手按在折叠好的面片上顶住刀面，右手持刀，快刀直切，一刀刀连续有节奏地切成宽窄适合需要的面条，不能出现连刀或斜刀现象。切后撒上干粉，用双手将其抖散、晾在案板上即成。

3. 另起油锅放些油，用葱花炝锅，加入清汤、盐、味精，烧开倒入碗中。

4. 锅中将水煮开，把切面煮熟倒入碗中即成。食用时同鳝丝一同上席。

四、操作要点

擀皮时，用力均匀，使面皮厚薄一致，切时要落刀准、下刀快，保持成品整齐，规格一致。

五、风味特色

汤汁清鲜，面滑爽。

六、相关面点

油条，麻花等。

七、思考题

1. 切的操作应注意什么问题?
2. 擀皮时如何做到面皮厚薄一致?

任务3 削

任务驱动

1. 了解削的概念。
2. 熟练掌握削的操作方法。
3. 结合实例理解削的操作要领。

知识链接

削是用刀直接一刀接一刀地削面团而成长形面条的方法。用刀削出的面条叫刀削面，这是北方特有的一种技法。煮熟的刀削面吃口特别筋道、劲足、爽滑。削分为机器削和手工削两种，书中主要介绍手工削的方法。

手工削面的具体方法：先和好面，每500克面粉掺冷水150~175 克为宜，冬增夏减；和好后醒面约半小时，再反复揉成长方形面团块，然后将面团放在左手掌心，托在胸前，对准煮锅，右手持削刀，从上往下，一刀接一刀地向前推削，削成宽厚相等的三棱形面条；面条入锅煮熟透捞出，再加调味料即可食用。

实例

刀削面

一、原料

面粉500克、凉水150克

二、工艺流程

和面→醒面→成形→削面→成熟

三、制作步骤

1. 把面粉倒在盆内，加水，和成较硬的面团，充分揉匀揉光后，盖上湿布醒30分钟。

2. 把醒好的面揉成粗长条块状，长度

比操作者左小臂略长，面团下部用一根细面杖托起。也可把面揉成长方形厚饼状，将细面杖卷在中间偏下的位置，使面团沿面杖方向挺起。

3. 操作时站在沸水锅前，左手托住面团，右手持瓦片刀。瓦片刀是削面专用刀，形状近似瓦片，削面时右手拇指在下，其余四指在上，捏住刀片，刀背凸面朝下，下刀时刀面与面团表面夹角宜小些，刀刃斜向削出，在面团上从右向左一刀接一刀削，削成的面条成三棱状，长约20厘米。面条背部能够形成一条棱，是因为下一刀总要削在前一刀的一侧刀口上，要求条粗细适中，薄厚均匀，棱正条长。

4. 将面条直接削入锅内，随削随煮，水沸后点一次凉水，再沸后捞出，过凉水漂一下，即成白坯刀削面。

四、操作要点

1. 刀口与面团持平，削出返回时不能抬得过高。

2. 后一刀要在前一刀的刀口上端削出，即削在头一刀的刀口上，逐刀上削。

3. 削成的条要呈三棱形，宽厚一致。

注：刀削面可配肉丁炸酱、小炒肉，大炒肉或三鲜大卤吃。其中三鲜大卤比较讲究，有海参、鸡丁、玉兰片等。大炒肉制法如同红烧肉，清水原汁加料焖制，香味十分醇厚。小炒肉是用瘦肉或是鸡丝过油，溜汁，配玉兰片等制成。肉丁炸酱宜选肥占1 /3、瘦占2 /3的猪肉100 克切小丁，加葱姜炝锅，将肉煸至八成熟，倒入100 克黄酱，炒至酱呈栗色，起锅倒入小碗中即可上桌拌面吃。

五、风味特色

入口外滑内筋，软而不黏，越嚼越香。

六、相关面点

剪刀面等。

七、思考题

1. 刀削面的操作要点有哪些?

2. 刀削面还可以做出哪些口味?

任务4 拨

● 任务驱动

1. 了解拨的概念。
2. 熟练掌握拨的操作方法。
3. 结合实例理解拨操作要领。

● 知识链接

拨是用筷子将稀糊面团拨出两头尖中间粗的条状的方法。拨出后一般直接下锅煮熟，这是一种需借助加热成熟才能最后成形的特殊技法。因拨出的面条肚圆两头尖，入锅似小鱼入水，故叫做拨鱼面，又称“剔尖”，是流行于山西民间的一种特技水煮面食。

制作时，面要和得软，500 克面粉掺水约400克。和好后再蘸水搋匀，至面光后用净布盖上醒半小时。醒好后放入凹盘中，蘸水拍光，把凹盘对准开水煮锅，稍倾斜，用一根一头削成三棱尖形的筷子顺着盘边由上而下拨下快流出的面，使之成为两头尖、10 厘米长、鱼肚形条，拨到锅内煮熟，盛出加上调料即成。也可煮熟后炒着吃。

实例

香菇拨鱼面

一、原料

面粉500克，鸡蛋1只，清水300克，香菇，青菜适量，调料适量

二、工艺流程

调面→醒面→拨面→煮面

三、制作步骤

1. 在面粉放入大碗中打入鸡蛋，加适量水，顺一个方向调和均匀，醒30分钟。

2. 锅中水烧开，用一只筷子沿着碗边将醒好的面拨成鱼肚形条状并拨入开水中，依次全部做完；用中火，待锅中汤水将要烧开前，加入香菇、青菜；翻动两次，待锅中香菇、青菜熟时（此时拨鱼面已熟）停火。

3. 盛入放好调料的碗中即成。

四、操作要点

1. 面要和得软一些，500 克面粉掺水400克略多点，面要醒透。

2. 醒好的面放入凹盘中，蘸水拍光，把盘对准开水煮锅，稍倾斜，用一根一头削成三棱尖形的筷子顺着盘边由上而下拨下快流出的面，使之成为两头尖、10 厘米长、鱼肚形条，拨到锅内煮熟。

五、风味特色

两头尖、10 厘米长、鱼肚形条，爽滑筋道。

六、相关面点

葱油面，清汤面鱼等。

七、思考题

1. 拨鱼面的操作要点有哪些？

2. 拨鱼面还可以做成什么口味的卤？

项目二 叠、摊、擀、按

学习目标
1. 了解和掌握叠、摊、擀、按的成形方法。
2. 了解和掌握叠、摊、擀、按成形的工艺流程。
3. 掌握叠、摊、擀、按在操作过程中的技术关键。
4. 以叠、摊、擀、按的实例达到举一反三的效果。
5. 指出学生实践操作中易出现的问题。

任务1 叠

- 任务驱动

1. 了解叠概念。
2. 熟练掌握叠的操作方法。
3. 结合实例理解叠的操作要领。

- 知识链接

叠是将经过擀制的面皮按需要折叠成一定形态半成品或成品的技法，其最后成形还需与擀、卷、切、剪、钳、捏等结合。面皮制作中常常用到，一般作为面皮或半成品分层间隔时的操作，如制酥皮、花卷、千层糕等。

叠与擀相结合时，要求每一次都必须擀得薄厚均匀，否则成品的层次将出现薄厚不匀的现象；有些面皮叠制前抹油是为了隔层，但不能抹得太多，且要抹均匀。

实例

荷叶夹

一、原料

面粉500克、酵母5克、泡打粉5克、白糖20克、水300克、花生油50克、花椒盐适量

二、工艺流程

面粉过筛→拌成雪花状→成团→揉面→搓条→擀皮→成形→蒸熟

三、制作步骤

1. 面粉、泡打粉拌匀后过筛，开窝，加入酵母、白糖、水，调匀成团，醒面约10分钟。

2. 面团揉透、搓条、下剂，擀成直径8厘米的面皮，将面皮抹上花生油，撒上花椒盐，然后先对折成半圆形，再对折成扇形。用竹尺围绕着荷叶边，向上压出一个个小凹缺口，使周边立起，像荷叶卷曲的样子；再在直角上用竹尺压一条线，成一个小三角，再用竹尺在小三角内划一些十字花纹即可。

3. 生坯入笼，待其发酵后，蒸约10分钟即可。

四、操作要点

1. 面团要调制的软一些。

2. 注意生坯醒发时间。

五、风味特色

色泽洁白，暄软可口。

六、相关面点

千层油糕，蝙蝠夹等。

七、思考题

1. 荷叶夹的制作方法是什么?

2. 影响发酵的因素有哪些?

凤尾酥

一、原料

面粉1000克、猪油370克、白糖40克、温水200克、豆沙馅适量

二、工艺流程

调制面团（皮面、酥面）→开酥→包入豆沙馅→成形→烘烤

三、制作步骤

1. 面粉500克放在案上，开窝，加入猪油、白糖，加入温水，将水、油、糖搅匀后，与面粉调成光滑的水油面团。另将面粉500克放在案上，开窝，加入猪油，拌匀后，反复推擦成团成油酥面。

2. 将水油面揉透，干油酥擦匀，以水油面与干油酥为6∶4的比例分别下剂，用水油面包干油酥，收口按扁，擀成长条形，顺长对折，再擀成长条形，顺长卷起成卷状，将两头向中间折起，擀成酥皮，包入豆沙馅，做成圆球形，收口朝下，将包好酥的面剂按扁，擀成长薄片，在薄片上撒上馅料，由前向后卷拢，压一压再从中间对折叠起到用刀从对折的一头顶着拉两刀，然后拧个，使层次朝外，露出各种馅饼料即成。

3. 烤箱升温，上火220℃，下火200℃，将饼坯放入约15分钟烤成熟即可。

四、操作要点

1. 调制面团时，两块面团的软硬程度要一致，注意皮面和酥面的比例。

2. 擀制时，用力均匀适当，卷条时要卷紧。

3. 包馅时，应包在正中间，收口收严。

4. 注意烘烤温度。

五、风味特色

形态美观，皮酥馅软，香酥适口。

六、相关面点

蝴蝶酥，桃夹等。

七、思考题

1. 叠在制作油酥面团中起到什么作用?
2. 叠在操作中应注意什么问题?

● 任务驱动

1. 了解摊的概念。
2. 了解摊的分类。
3. 熟练掌握摊的操作方法。
4. 结合实例理解摊的操作要领。

● 知识链接

摊是将稀软面团或糊浆入锅或铁板上制成饼或皮的方法。这种成形法具有两个特点：一个是熟成形，即借助于平底锅或刮子等边熟边成形；另一个是使用稀软面团或糊浆。可用于制作成品如煎饼、鸡蛋饼等，也可用于制作半成品，如春卷皮、豆皮等。

按照摊制方法的不同，可分为：

（1）旋摊　旋摊即糊浆倒入有一定温度的锅内，将锅略倾斜旋转，使糊浆流动、受热形成圆皮的方法，如锅饼皮等的摊制。

（2）刮摊　刮摊即糊浆倒入烧热的平底锅或铁板上，迅速用刮子将其刮薄、刮匀、刮圆的方法，如煎饼、鸡蛋饼、三鲜豆皮等的摊制。

（3）手摊　手摊即手抓稀软面团在烧热的铁板上，迅速用手将其刮薄、刮匀、刮圆的方法。操作时，首先要将锅或铁板烧干，以防烙好的皮粘锅或结板。凡是摊皮都要求张张厚薄、大小都要一致，不能粘锅和出现砂眼、破洞等。其次，要掌握好锅的温度，温度低不易结皮，温度高则皮厚易粘底。摊时还要往锅或铁板上抹点油，但不可多，这样便于揭下来。

实例

三丝蛋饼

一、原料

面粉200克，鸡蛋300克，烤肠1根，黄瓜半个，胡萝卜半个，盐6克，花椒粉，五香粉，鸡精各少许

二、工艺流程

调面糊 → 加入三丝 →煎制 → 成熟

三、制作步骤

1. 面粉加鸡蛋搅拌均匀，加入盐、花椒、五香粉、鸡精再次拌匀成糊状，静置约10 分钟。
2. 胡萝卜、黄瓜洗净切丝，烤肠切丝。
3. 切好的材料加入到面粉蛋糊中拌匀。
4. 平底锅加一些油，舀入面蛋糊摊成薄饼，中火煎制。
5. 面饼变色凝结，可以翻面，直到两面淡黄饼熟即好。

四、操作要点

摊制时，面糊稀薄适中，放入锅内要将锅略倾斜旋转，使糊浆流动，受热形成圆皮，使面皮厚薄均匀。

五、风味特色

香肥软糯，油润可口。

六、相关面点

煎饼，麦糊烧等。

七、思考题

1. 摊有几种操作方法?
2. 旋摊的操作应注意什么问题?

任务3 擀

任务驱动

1. 了解擀的概念。
2. 熟练掌握擀的操作方法。
3. 结合实例理解擀的操作要领。

知识链接

擀是运用橄榄杖、面杖、通心槌等工具将坯料制成不同形态面皮的一种技法。它是面点制作的代表性技术。擀制方法多种多样，如层酥、饺子皮、烧卖皮、馄饨皮等擀法均不同。擀直接用于成品或半成品的成形并不很多，常与叠、切、包、捏卷等连用，如花卷、千层油糕、面条等。几乎所有的饼类制品都要用擀法成形，工具的不同，擀皮的要领不一样。

擀的形态较多，如圆形、腰子形、椭圆形、长方形、方形等，擀制成形时，要使杖灵活，用力轻巧适当，从中间向外推擀，前后左右推拉一致，使其四周厚薄均匀。

实例

手抓饼

一、原料

面粉500克、葱100克、盐10克、色拉油400克、花椒粉10克、开水240克

二、工艺流程

烫面→拌成雪花状→洒冷水揉面→醒面→成形→成熟

三、制作步骤

1. 面粉放盆中，分次加入开水并用筷子搅拌成絮状，再加适量凉水揉成较软的面团，盖上保鲜膜放一旁静置醒面30分钟左右；葱切碎，备用；醒发好的面团反复揉搓至表面光滑，等分成若干个面团，取其中一个面团擀开，尽量擀薄，均匀的涂上色拉油，撒上盐、花椒粉和葱末，将面片从一端开始，层层叠起后，将层次面朝上，从一端盘起，边盘边横向轻轻抻长，最后收成圆形。用擀面杖轻轻擀薄成饼坯。

2. 平底锅小火加热，倒入适量油，油热后，放入饼坯，一面烙好后，翻面，再烙至两面都金黄，下手抓散即可。

四、操作要点

1. 调制面团时，开水要浇匀，掌握加水量，面团要醒透。

2. 煎制时的炉温控制在200℃。

五、风味特色

层次多，香酥可口。

六、相关面点

面条，千层油糕等。

七、思考题

1. 擀有几种操作方法？

2. 单手擀在操作时应注意什么问题？

韭菜盒子

一、原料

面粉500克、开水300克、韭菜500克、鸡蛋3只、虾皮20克、葱姜末各30克、盐10克、味精10克、花椒粉5克、香油适量

二、工艺流程

烫面→拌成雪花状→洒冷水揉面→ 醒面→擀皮→上馅→熟制

三、制作步骤

1. 面粉放盆中，分次加入开水并用筷子搅拌成雪花状，再加适量凉水揉成较软的面团，盖上保鲜膜放一旁静置醒面30分钟左右。

2. 韭菜洗净，切碎；鸡蛋用油炒熟，晾凉后，加入韭菜拌匀，加入虾皮，加入花椒粉、盐、味精、葱姜末，拌匀，加入香油即可。

3. 醒发好的面团反复揉搓至表面光滑，下剂约40克，擀成直径约18厘米的圆形面皮，加上馅心，将面皮对折，并沿边捏紧，再捏出绳索边即可。

4. 电饼铛中倒入少量油，烧热后放入饼坯，用中火煎至两面金黄即可出锅。

四、操作要点

1. 调制面团时，开水要浇匀，掌握加水量，面团应稍软些。

2. 韭菜容易出水，拌韭菜馅的时候，首先拌入色拉油，此举能使韭菜被切断的切口，被油脂封住，往外渗出的水分就少了。

3. 炒好的鸡蛋一定要晾凉后才可以放入韭菜中，否则温度太高也会使韭菜出水，盐应在包

制前放入馅料中。

五、风味特色

造型美观，鲜嫩可口。

六、相关面点

面发千层饼，炸面叶等。

七、思考题

1. 绳索边的操作手法?
2. 如何防止韭菜出水过多?

任务4 按

- **任务驱动**

1. 了解按的概念。
2. 熟练掌握按的操作方法。
3. 结合实例理解俺的操作要领。

- **知识链接**

按又称压、揿，是用手将坯料揿压成形的方法，主要用于制作形体较小的包馅面点，如馅饺、酥饼等。用手按速度快，较有分寸，不易挤出馅心。操作时用力要适当，并转动面坯按压。也常作辅助手段使用，配合包、印模等成形技法。

按可分为手指按和手掌按两种。手指按是用食指、中指和无名指三指并排，均匀按压面坯；手掌按则是用掌根按面坯。

实例

六角酥

一、原料

面粉1000克、猪油300克、白糖40克、温水200克、豆沙馅适量

二、工艺流程

调制面团（皮面、酥面）→开酥→包入豆沙馅→成形→烘烤

三、制作步骤

1. 面粉500克放在案上，开窝，加入猪油、白糖，加入温水，将水、油、糖搅匀后，与面粉调成光滑的水油面团。另将面粉500克放在案上，开窝，加入猪油，拌匀后，反复推擦成油酥面团。

2. 将水油面揉透，干油酥擦匀，以水油面与干油酥为6∶4的比例分别下剂，用水油面包干油酥，收口按扁，擀成长条形，顺长对折，再擀成长条形，顺长卷起成卷状，将两头向中间折起，擀成酥皮，包入豆沙馅，做成圆球形，收口朝下，将饼面朝下用掌根按成圆形饼状，再将饼面朝上，用刀片切成12根条子，再将每两条捏在一起，形成六角的花形，把做好的六角酥生坯摆入烤盘内，在中间刷上鸡蛋液，备用。

3. 烤箱升温，上火220℃，下火200℃，将饼坯放入烤制约15分钟即可。

四、操作要点

1. 调制面团时，两块面团的软硬程度要一致，注意皮面和酥面的比例。

2. 擀制时，用力均匀适当，卷条时要卷紧。

3. 包馅时，应包在正中间，收口收严。

4. 注意烘烤温度。

五、风味特色

形态美观，皮酥馅软，香酥适口。

六、相关面点

佛手酥，馅饼等。

七、思考题

1. 按的操作手法有哪些?

2. 开酥时应注意哪些问题?

一、原料

南瓜500克、糯米粉500、白糖200克、豆沙馅、面包糠150克、油适量

二、工艺流程

南瓜蒸熟→加入白糖、糯米粉→成团→包馅→成形→成熟

三、制作步骤

1. 南瓜洗净切块放蒸屉中，大火蒸15分钟，蒸熟后待凉，用压成泥。

2. 将白糖、糯米粉加入蒸熟的南瓜泥，揉成面团 。

3. 将糯米面搓成条状，下剂，在手掌上按扁，包入豆沙馅，收口，按成圆饼形，沾上一层面包糠即成生坯。

4. 锅内油烧至四成热，下入饼坯，炸至金黄色即可。

四、操作要点

1. 根据南瓜的含水量，掌握糯米粉的用量。

2. 注意炸制的油温。

五、风味特色

外酥里糯，香甜适口。

六、相关面点

糖糕，火腿萝卜丝酥饼。

七、思考题

1. 参考此例如何制作土豆饼?

2. 思考萝卜丝酥饼的制作方法。

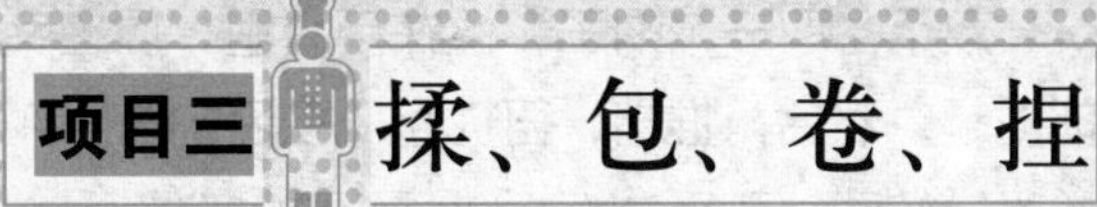

项目三 揉、包、卷、捏

学习目标
1. 了解和掌握揉、包、卷、捏的成形方法。
2. 了解和掌握揉、包、卷、捏成形的工艺流程。
3. 掌握揉、包、卷、捏在操作过程中的技术关键。
4. 以揉、包、卷、捏的实例达到举一反三的效果。
5. 指出学生实践操作中容易出现的问题。

任务1 揉

- 任务驱动

1. 了解揉的概念。
2. 了解揉的分类。
3. 熟练掌握揉的操作方法。
4. 结合实例理解揉的操作要领。

- 知识链接

揉又称搓，是一种比较简单的基本成形技法。揉是将下好的剂子用双手互相配合，搓揉成圆形或半圆形的团子。一般用于制作高桩馒头，圆面包、寿桃等。揉的方法有双手揉和单手揉，形状一般有蛋形、半球形、高桩形等。

1. 双手揉

双手揉又可分为揉搓和对揉。

（1）揉搓　取一个面剂，左手拇指与食指分开挡住面剂，掌根着案，右手用掌根按住面剂向前推揉，然后用掌根将面剂往回带，使面剂沿顺时针方向转动。当面剂底部光滑的部分越来越大，揉褶变小时，将面坯翻过来，光面朝上做成一定形态即成。

（2）对揉　将面剂放在两手掌中间对揉，使面剂同进旋转，致面剂表面光滑，形态符合要求即成。

2. 单手揉

双手各取一个剂子，握在手心里，放在案上，用掌根按住向前推揉，其余四指将面剂拢起，然后再推出，再拢起，使面剂在手中向外转动，即右手为顺时针转动，左手为逆时针转动，双手在案板上呈“八”字形，往返移动，至面剂揉褶越来越小，呈圆形时竖起即成馒头生坯。

揉制面剂时要达到表面光洁，不能有裂纹和面褶出现。揉面剂时的收口越小越好，并将收口朝下，成为底部。

实例

一、原料

面粉500克、酵母5克、泡打粉5克、白糖20克、水150克

二、工艺流程

面粉过筛→拌成雪花状→成团→揉面→搓条→下剂→成形→蒸熟

三、制作步骤

1. 面粉、泡打粉拌匀后过筛，开窝，加入酵母、白糖，加入水，调匀成团，醒面约10分钟。

2. 揉搓取一个面剂，左手拇指与食指分开挡住面剂，掌根着案，右手用掌根按住面剂向前推揉，然后用掌根将面剂往回带，使面剂沿顺时针方向转动。当面剂底部光滑的部分越来越大，揉褶变小时，将面坯翻过来，光面朝上做成一定形态即成。

3. 生坯放入笼内，静置发酵后，旺火蒸约15分钟。

四、操作要点

1. 掌握面团的软硬，面团应稍硬些。

2. 注意面团的发酵时间。

五、风味特色

色泽洁白，口感暄软。

六、相关面点

窝窝头，高桩馒头等。

七、思考题

1. 揉馒头的操作要领？

2. 影响发酵的因素有哪些？

任务2 包

● 任务驱动

1. 了解包的概念和分类。
2. 熟练掌握包的操作方法。
3. 结合实例理解包的操作要领。

● 知识链接

包是将制好的皮子上馅后使之成形的一种技法。包的手法在面点制作中应用极广，很多带馅品种都要用到包法，如烧卖、春卷、汤团、各式包子、馅饼、馄饨以及较特殊的品种粽子等。包法常与其他成形技法如卷、捏等结合在一起成形，也往往与上馅方法结合在一起，如包入法、包拢法、包裹法、包捻法等。

包法因制品不同，而有不同的操作方法。

1. 提褶包法

用左手托皮，手指向上弯曲，使皮在手中呈凹形，右手用刮子抹上馅，用右手拇指、食指在面皮的一端隔皮相对，两手指捏紧面皮，右手拇指带着面皮向前走，食指向后滑动一下，捏出一道花纹，同时左手四指顺势使面皮旋转一圈，如此反复，当面皮旋转一圈，右手也捏出一圈花纹，即成提褶包。

2. 烧卖包法

托皮上馅方法同提褶包，在加馅的同时，左手五指将烧卖皮往上收拢，拇指与食指从腰处勒，挤出多余馅心，用刮子刮平，不要封口，要在口上能见到馅心，包成石榴形烧卖。

3. 馄饨包法

馄饨包法有多种，最常见的是捻团包法，即左手拿一叠方形薄皮，右手拿筷子挑上馅心，抹在皮的一角或一头，并顺势朝内滚卷两卷，抽出筷子，将两头粘在一起，即成捻团馄饨。另一种方法是将肉馅抹在皮子的中间，连续对折两次，再将一头靠里的一面涂点水或肉泥，与对称的另一头的里层粘合起来，即形成了蝴蝶形的馄饨，又称大馄饨。

4. 汤圆包法

将米粉面剂捏成碗形，包入馅心，把皮收拢，掐去剂头，搓成圆形即成。其他像无褶包、馅饼包法与汤团相似，只是无褶包需剂口朝下放，馅饼需用手按成扁圆形。

5. 春卷包法

将春卷皮平放在案板上，将馅心放在皮坯的中下部成长方形，将下侧的皮向上叠盖在馅心上，两头往里叠，再将上侧的皮向下叠盖在皮上，叠时均抹一点面粘信加馅的春卷皮平放在案板上，提起一边折盖在馅上，左右两侧也往里相对折叠，向前叠在皮上，收口边沿抹少许面糊粘住，成为长方形（一般规格为10厘米×3厘米）。

6. 粽子包法

粽子形状较多，有三角形、四角形、菱角形等。以菱角形粽子的包法为例，先把两张粽叶拼在一起，扭成锥形筒状，灌进湿糯米，放入馅心，将粽叶折上包好，用绳扎紧即成。

包制时要将馅心包在面皮的正中间。

实例

一、原料

面粉250克、枣泥馅150克、熟猪油1千克（实耗125克）、鸡蛋清1只

二、工艺流程

调制面团（皮面、酥面）→开酥→包入枣泥馅→成形→烘烤

三、制作步骤

1. 面粉100克加猪油50克擦成干油酥。

2. 取面粉150克加水50克，猪油20克和成水油面团，用水油面包入干油酥，收口朝上，用杆棍杆成长方形薄皮，然后由两边向中间对折，再用杆棍杆成长方形薄皮，顺长由外向里卷起，收尾处用蛋清粘一下，轻轻的搓一下，用刀切成20只小剂子。将每只剂子按扁成中间厚边上薄的圆皮，放上枣泥馅包成椭圆形，酥心向上，中间略凸，馅心向中间推挤后，将两端窝起，涂上鸡蛋清粘在底部，做成元宝形，入油锅炸制成熟。

四、操作要点

1. 调制面团时，两块面团的软硬程度要一致，注意皮面和酥面的比例。

2. 擀制时，用力均匀适当，卷条时要卷紧。

3. 包馅时，应包在正中间，收口收严。

4. 注意油锅内的温度。

五、风味特色

形态美观，皮酥馅软，香酥适口。

六、相关面点

粽子，水饺等。

七、思考题

1. 制作元宝酥的操作要领有哪些？

2. 如何掌握炸制温度？

雨花汤团

一、原料

糯米粉320克、可可粉20克、吉士粉50克、豆沙馅适量

二、工艺流程

和面（三种面团）→擀制→成形→成熟

三、制作步骤

1. 糯米粉170克加入适量温水，揉成白色粉团；另将糯米粉75克加入可可粉20克和适量温水，揉成褐色粉团；另将糯米粉75克加入吉士粉50克及适量温水，揉成黄色粉团。

2. 三份粉团擀成(或用手压成)大小相同的片后，三片重叠在一起，再一切为二再重叠，稍按压平后，用刀切成条状，再横切成小剂子。

3. 取小剂子，从横切面上方按扁成片状，包入馅料，揉搓光滑后即成雨花汤圆生坯。

4. 锅放清水烧沸，下入生坯，改小火保持锅中沸而不腾状，煮至汤圆浮至熟，捞入碗中。

四、操作要点

1. 三种面团的软硬程度要一致。

2. 包馅时将馅心包在正中间。

五、风味特色

色泽美观，软糯香甜。

六、相关面点

莲蓉甘露酥，馄饨等。

七、思考题

1. 制作雨花汤圆的操作要领有哪些？

2. 包可分为哪几种操作方法？

青菜春卷

春卷在我国有着悠久的历史，北方人也称为“春饼”。据传在东晋时代就有。那时叫“春盘”。当时人们每到立春这一天，就将面粉制成的薄饼摊在盘中，加上精美蔬菜食用，故称“春盘”。那时不仅立春这一天食用，春游时人们也带上“春盘”。

一、原料

面粉1000克、萝卜青菜馅1000克

二、工艺流程

制皮→ 上馅→成形→ 炸制

三、制作步骤

1. 面粉加清水和精盐和匀，在面团表面涂抹清水，10分钟后，揉至面团不粘手时，醒成冷水面团。平底锅置炉火上烧热，用猪油或者肥猪肉趁热擦锅底，使之略微沾油。右手抓水面一团，手腕翻转，使面团触及锅面时迅速转一圈，摊成薄面皮。待面皮边沿翘起，揭下即成面料春卷皮。

2. 皮料平置案板上，深色的一面朝下，把馅料放在面皮上，卷起使之成为三厘米左右粗的卷，卷边和两头用湿淀粉粘好。

3. 油锅烧至五六成热，把春卷下油锅炸至金黄色，捞出。

四、操作要点

1. 摊皮时要注意锅内的温度。

2. 包馅时将馅心包在正中间。

五、风味特色

颜色金黄，香酥可口。

六、相关面点

三丝卷，脆丝烙饼卷等。

七、思考题

1. 摊春卷皮的操作要领有哪些？

2. 春卷的包制方法是什么？

任务3 卷

- 任务驱动

1. 了解卷的概念和分类。
2. 熟练掌握卷的操作方法。
3. 结合实例理解卷的操作要领。

- 知识链接

卷是将擀好的面皮经加馅、抹油或直接根据品种要求，卷合成不同形式的圆柱状，并形成间隔层次的成形方法，然后可改刀制成成品或半成品。这种方法主要用于制作花卷、凉糕、葱油饼、层酥品种和卷蛋糕等。

操作时常与擀、叠等连用，还常与切、压、夹等配合成形。按制法可将卷分为单卷和双卷两种。

1. 单卷

单卷法是将擀制好的坯料，经抹油、加馅或直接根据品种要求，从一边卷向另一边成圆筒状的方法。如花卷类，卷好后切成坯，再制成如脑花卷、麻花卷、马鞍卷等。油酥制品中的卷筒酥也属单卷。

2. 双卷

双卷法又分为异向双卷法和同向双卷法。

异向双卷法，是将擀制好的坯皮，经抹油或加馅后，从两头向中间对卷，卷到中心两卷靠拢的方法。操作时卷紧且两卷应粗细单卷法一致。切成坯后，可做成如意卷、蝴蝶卷、四喜卷等。

同向双卷法，是将擀制好的坯料一半经抹油或加馅后，从这头卷到中间，翻身再给另一半抹油或加馅后，再卷到中间，成为一正一反双卷筒的方法。操作时两卷要卷紧且应粗细相等。切成坯后，可制成菊花卷。

坯料要擀成厚薄一致，卷时两端要整齐、卷紧，并且要卷得粗细均匀。需要抹馅的品种，馅不可抹到边缘，以防卷时馅心挤出。

实例

蝴蝶卷

一、原料

面粉500克，酵母5克，泡打粉5克，白糖20克，水，花生油，花椒盐适量

二、工艺流程

面粉过筛→拌成雪花状→成团→揉面→搓条→擀皮→成形→蒸熟

三、制作步骤

1. 面粉、泡打粉拌匀后过筛，开窝，加入酵母、白糖，加入水，调匀成团，醒面约10分钟。

2. 案板上撒些面粉，将醒好的面团放在上面反复按揉再放在涂有花生油的案板上擀成大片，刷上花生油，均匀地撒上花椒盐；将面片从一端卷起成大卷，按扁后，用刀切成小卷，将每四个小卷竖排在一起，中间两个比左右两个往后错四、五分距离，用拇指和中指掐住左右两小卷的后半部慢慢用力夹紧，四小卷中腰紧贴在一起，再将头尾张开即成蝴蝶形卷；上笼旺火蒸10分钟即可。

四、操作要点

1. 掌握面团的软硬，面团应稍硬些。

2. 注意面团的发酵时间。

五、风味特色

蝴蝶卷因形似蝴蝶而得名，形态逼真，口感暄软。

六、相关面点

糖糕，火腿萝卜丝酥饼等。

七、思考题

1. 揉馒头的操作要领有哪些？

2. 影响发酵的因素有哪些？

任务4 捏

- **任务驱动**

1. 了解捏的概念。
2. 了解捏的分类。
3. 熟练掌握捏的操作方法。
4. 结合实例理解捏的操作要领。

- **知识链接**

捏是将包馅（也有少数不包馅）的面剂，按成品形态要求，通过拇指与食指上的技巧制成各种形状的方法。它是比较复杂多样、富有艺术功夫的一项操作。如制作各种花色蒸饺、象形船点、糕团、花纹包、虾饺、油酥等，比较注重造型。捏常与包结合运用，有时还须利用各种小工具，如花钳、剪刀、梳子、骨针等配合。

捏有一般捏法和捏塑法两大类。

1. 一般捏法

一般捏法比较简单，是一种基础捏制法。只要把馅心放在皮子中心后，用双手把皮子边缘按规格粘合在一起即成，没有纹路、花式等。这是一种最简单的形态。如一般的水饺即属这种捏法，汤团、馅饼包馅后的收口捏制等也属一般捏法。制作关键：馅要居中，收口处不能太薄太厚；加馅要适量，根据品种要求，掌握皮馅比例。

2. 捏塑法

捏塑法是花式面点的主要成形方法，是在坯皮包入馅心后，利用右手的拇指、食指采取提褶捏、推捏、捻捏、折捏、叠捏、扭捏、花捏等手法，捏塑成各种花纹花边的、立体的、象形的面点品种。

（1）提褶捏　提褶捏是用左手托住加馅坯皮，并用拇指控制坯边，右手拇指和食指捏住面皮的一边，两手指隔皮相对，右手拇指带着面皮向前走，食指向后滑动一下，捏出一道皱褶，同时左手四指顺势使坯皮转动一下。如此反复，当坯皮旋转一圈，右手提捏形成一圈均匀的皱褶。如各式蒸包和煎包等。要求褶纹均匀、整齐。

（2）推捏　一种是推捏皱褶，如制作月牙蒸饺，用左手虎口托住加了馅的坯皮，右手食指将外边皮向前推，右手食指和拇指配合，捏出一个皱褶，不断推捏（推捏时，拇指和食指的用力方向要向前），捏出瓦楞形褶裥，形成月牙形的饺子。推时里面的边可稍高于外面的边，推捏时手用力要轻，不能伤皮破边，捏时要求褶裥均匀、清晰。捏的另一种是推单波浪花纹，如制作桃饺，将上了馅的坯皮2/5部分捏成两条边，在每条边上由上而下推捏成单波浪的花纹，将每条边的下部向上拎，粘在中部，形成两花纹。要求推捏出的波浪花纹均匀、细巧。

（3）捻捏　如冠顶饺，把圆皮的边向反面三等折起，折成一个等边三角形，在正面放上馅心，提起三个角，相互捏住边成立体三角饺，在每条边上捻捏出双波浪花纹，将折起的边翻出即成。要求捻捏出的双波浪花纹均匀、细巧。

（4）折捏　如一品饺等，是将加馅坯皮折成均等的三条边，再将三条折过，粘到中间结合部形成三个圆孔。

（5）叠捏　如四喜饺，将加馅坯皮四等分向中间粘起，成为四个角八条边，饺子形成四个大洞，每相邻两个大眼的相邻边，中间相互叠捏起，形成四个小眼。再分别在四个大洞内填满不同的馅料。

（6）扭捏　如酥盒等，将加馅的两块圆酥皮合在一起，拇指、食指在形成的边上捏上少许，将其向上翻的同时向前稍移再捏、再翻，直到捏完一周，形成均匀的绳状花边。

（7）花捏　主要是捏制象形品种，如模仿各种动植物的船点、艺术糕团等，形成各种形状的手法。

捏塑法工艺要求较高，在制作时应注意：皮馅配合要适宜，要根据制品成形要求掌握加馅量，不可将馅心抹到收口处，影响成表；花式品种制作要精细、逼真，但不可过于繁琐。

实例

梨包

一、原料

面粉250克、酵母3克、泡打粉3克、白糖25克 、茶叶梗12根、水适量、枣泥馅适量

二、工艺流程

面粉过筛→加水成团→揉面→搓条→下剂→擀皮→包馅→成形→蒸熟

三、制作步骤

1. 面粉、泡打粉 拌匀后过筛，开窝，加入酵母、白糖，加入水，调匀成稍硬的面团，醒面约10分钟。

2. 面团搓条、摘坯制成坯皮包入枣泥馅，捏出梨形，用茶叶梗做梨梗。

3. 静置片刻，上笼用猛火蒸8分钟即可。

四、操作要点

1. 掌握面团的软硬，面团应稍硬些。

2. 注意面团的发酵时间。

五、风味特色

皮色洁白，吃口松软。

六、相关面点

四喜饺，汤圆，麻团等。

七、思考题

1. 捏的操作要领有哪些?

2. 影响发酵的因素有哪些?

九龙玉面饺

一、原料

澄粉500克、生粉100克、盐3克、水850克、猪油适量、鲜虾肉500克、肥猪肉150克、蛋清20克、白糖10克、味精3克

二、工艺流程

和面→制馅→包制→成形→ 成熟

三、制作步骤

1. 清水放入锅内烧开，改为小火，加入盐1克，倒入澄粉和生粉搅拌均匀，加盖焖几分钟，倒在案上，揉至光滑，加入猪油揉匀即可。

2. 鲜虾肉洗净，吸干水分，用刀背斩成蓉，加入盐2克，搅拌至起胶，肥猪肉切成细粒，放入虾胶内，加入蛋清、白糖、味精拌匀，放入冰箱冷藏，备用。

3. 将和好的面团揉均匀，下剂，用拍皮刀压成直径8厘米的圆形面皮，将压好的皮折成一个等边三角形样子的皮子包入馅心，沿边捏紧，捏成三角形坯子，可见每个三角形的边角都有三个皮边，用手将这些边稍微修整一下，并把两条连在一起的边从底部剪开，然后把其翻到上面来，用手分别将其推捏成具有波浪纹络状的边(双推边)。以此类推，将其余的两个角也加工成具有波浪形状的边，就做成了具有九条波浪形边的九龙玉面饺生坯。

4. 将加工好的生坯放入笼内，用旺火蒸5分钟左右出笼，即可食用。

四、操作要点

1. 调制面团时，生粉和澄粉要用开水烫匀，

掌握加水量。

2. 注意九龙玉面饺的形态，讲究对称。

3. 馅心的水分和黏性要合适，放入冰箱冷冻后便于包捏。

五、风味特色

色泽洁白，馅心鲜嫩，形态美观。

六、相关面点

白菜饺，知了饺等。

七、思考题

1. 九龙玉面饺用的是捏的哪种操作手法？

2. 九龙玉面饺的制作关键是什么？

项目四 钳花、模具、滚沾、镶嵌

学习目标

1. 了解和掌握钳花、模具、滚沾、镶嵌的成形方法。
2. 了解和掌握钳花、模具、滚沾、镶嵌成形的工艺流程。
3. 掌握钳花、模具、滚沾、镶嵌在操作过程中的技术关键。
4. 以钳花、模具、滚沾、镶嵌的实例达到举一反三的效果。
5. 指出学生实践操作中易出现的问题。

任务1 钳花

● 任务驱动

1. 了解钳花的概念。
2. 熟练掌握钳花的操作方法。

● 知识链接

钳花是运用小工具整塑成品或半成品的方法。它依靠钳花工具形状的变化，能形成多种形态。常与包等配合使用，使制品更加美观，使用的工具一般为花钳，有锯齿形、锯齿弧形、直边弧形等。通过使用花钳能使成品或半成品表面形成美观的花纹。从广义上讲，这些小工具成形也属模具成形；而从操作技术上讲，属夹制成形的范畴。钳花成形的制品有钳花包、船点花、荷花包、核桃酥等。

实例

钳花包

一、原料

面粉250克、酵母3克、泡打粉3克、糖25克、水适量、枣泥馅适量

二、工艺流程

面粉过筛→加入水→成团→揉面→搓条→下剂→包馅→成形→蒸熟

三、制作步骤

1. 面粉、泡打粉拌匀后过筛，开窝，加入酵母、白糖，加入水，调匀成稍硬的面团，醒面约10分钟。

2. 面团揉匀、搓条，摘成10只面剂，每只剂子按扁，包入枣泥馅收口捏紧向下成圆球形，用花钳在四周钳出花纹，中间点上红点。最后将做好的包子发酵，上笼蒸10分钟即可。

四、操作要点

1. 掌握面团的软硬，面团应稍硬些。
2. 注意面团的发酵时间。

五、风味特色

口味甜润，面质松软，色泽洁白。

六、相关面点

睡莲花，秋叶包等。

七、思考题

1. 钳花的操作要领有哪些?
2. 影响发酵的因素有哪些?

灯笼包

一、原料

面粉250克、酵母3克、泡打粉3克、白糖25克、水适量、枣泥馅适量

二、工艺流程

面粉过筛→加入水→成团→揉面→搓条→下剂→成形→蒸熟

三、制作步骤

1. 面粉、泡打粉 拌匀后过筛，开窝，加入酵母、白糖，加入水调匀成稍硬的面团，醒面约10分钟。

2. 面团揉匀、搓条、摘成10只面剂，将每只面剂搓揉光滑，按扁后包入枣泥馅心，包成球形，由上自下用平口钳捏出痕迹，成灯笼形即可。

3. 待其发酵后，上笼蒸约10分钟。

四、操作要点

1. 掌握面团的软硬，面团应稍硬些。
2. 注意面团的发酵时间。

五、风味特色

形态逼真，为高档宴会点心。

六、相关面点

睡莲花，秋叶包等。

七、思考题

1. 灯笼包的操作要领有哪些?
2. 如何掌握灯笼包的成形方法?

任务2 模具

- 任务驱动

1. 了解模具的概念。
2. 了解模具的分类。
3. 熟练掌握模具的操作方法。

- 知识链接

模具是将生熟坯料注入、筛入或按入各种模具中，利用模具成形的方法。其优点是使用方便，规格一致，能保证成品形态质量，便于批量生产，如梅花糕、月饼、苏式方糕、双色印糕、水晶杏等。常用的模具花纹图案有鸡心、桃形、梅花、蝴蝶等形态，还有各种字形图案，如“囍”“寿”“福”“禄”等，各种纹饰的图案也多种多样。

1. 模具的种类

模具大致可分为四类：印模、套模、盒模、内模。

（1）印模　它是将成品的形态刻在木板上，然后将坯料放入印板模内，使之形成图形一致的成品。印模的形状很多，印板图案非常丰富，如月饼模、松糕模等各种糕模，成形时一般常与包连用，并配合按的手法。

（2）套模　它是用铜皮或不锈铜皮制成有各种平面图形的套筒，成形时用套筒将面擀成平整坯皮的坯料，一套刻出来，形成规格一致、形态相同的半成品，如花生酥、小花饼干等。成形时常与擀连用。

（3）盒模　盒模是用铁皮或铜皮经压制而成的凹形模具或其他形状容器，规格、花色很多，主要有长方形、圆形、梅花形、菊花形等。成形时将成品或坯料放入模具中，熟制后便可形成规格一致、形态美观的成品。常与套模配合使用，利用挤注方法，品种有花蛋糕、方面包等。

（4）内模　内模是为了支撑成品、半成品外形的模具。规格、式样可随意创造，如冰淇淋筒内模等。

上述几种模具应按制品要求选择。

2. 模具成形的方法

根据成形的时机的不同，模具成形大体上可分为三类：生成形、加热成形和熟成形。

（1）生成形　将半成品放入模具内成形后取出，再熟制，如月饼就是在下剂制皮、上馅、捏圆后，压入模具内成形后磕出，烤熟或蒸熟。

（2）加热成形　将调好的原料装入模具内，经熟制后取出，如花蛋糕，就将调制好的蛋泡面糊倒入模具内，蒸熟或烤熟后从模具内起出冷却即成。

（3）熟成形　将粉料或糕面先加工成熟，再放入模具中压印成形，取出后直接食用。如绿豆糕就是将绿豆烤熟碾成粉，用白糖、香油、熟面粉搅拌起黏，放入模具压印成形，直接上桌食用。

模具在使用时，一要注意卫生，使用前后都要清洗；二要防止粘模，可采取抹油、拍粉、衬油纸等方法。

实例

梅花包

一、原料

澄粉500克、生粉100克、盐5克、水85克、猪油适量、白砂糖70克、鸡蛋2个、吉士粉15克、牛奶60克、黄油400克

二、工艺流程

和面→ 制馅→包馅→成形→成熟

三、制作步骤

1. 清水放入锅内烧开，改为小火，加入盐，倒入澄粉和生粉搅拌均匀，加盖焖几分钟，倒在案上，揉至光滑，加入猪油揉匀即可。

2. 将黄油搅匀，分3次加入白砂糖，边加边搅拌，同样分3次放入蛋液并不停地搅拌，然后倒入牛奶，再放入吉士粉和20克澄粉调匀成面糊。上笼蒸约30分钟，期间每隔5分钟搅拌一下，制成奶黄馅。

3. 将和好的面团揉均匀，下剂，擀成面皮，包入奶黄馅，然后入模具压出花纹，最后上笼屉旺火蒸约3分钟，改小火继续蒸约2分钟即成。

四、操作要点

调制面团时，生粉和澄粉要用开水烫匀，掌握加水量。

五、风味特色

色泽洁白，馅心香甜，形态美观。

六、相关面点

月饼，绿豆糕等。

七、思考题

1. 印模的操作要点有哪些？

2. 烫澄粉的要点有哪些？

任务3　滚沾

● 任务驱动

1. 了解滚沾的概念。

2. 熟练掌握滚沾的操作方法。

- 知识链接

滚沾是将馅心加工成球形或小方块后通过着水增加黏性，在粉料中滚动，使表面沾上多层粉料的方法。如北方的摇元宵、江苏盐城的藕粉圆子都是用的这种成形方法。以北方的摇元宵为例，先把馅料切成小方块形，洒上些水润湿，放入装有糯米粉的簸箕中，用双手拿住簸箕匀速摇晃。馅心在干粉中滚动沾上了一层干粉。拾出，再洒些水，入粉中滚动，又沾上一层，如此反复多次滚沾成圆形元宵，元宵的馅心必须干韧有黏性，并切成大小相同的方块，才能沾住干粉，滚沾后规格一致。过去都是人工手摇元宵，劳动强度大，现在普遍改用机器摇元宵，产量高，质量也比较好。

滚沾法现在也普遍用于沾芝麻、椰丝等的操作，如麻团、椰丝团等常用此方法。

实例

糯米糍

一、原料

糯米粉300克、炼乳20克、白糖60克、温水适量、椰蓉1小包 、豆沙馅适量

二、工艺流程

和面→下剂→包馅→揉圆→蒸熟→滚沾椰蓉

三、制作步骤

1. 把糯米粉、炼乳、白糖放入盆中，加入水，调制成团。
2. 面团下剂，包入豆沙馅，揉成圆球形。
3. 蒸盘上面要淋一层油，摆入生坯，蒸约8分钟，取出滚沾上椰蓉即成。

四、操作要点

调制面团时，生粉和澄粉要用开水烫匀，掌握加水量。

五、风味特色

软糯可口，香甜味美。

六、相关面点

元宵，藕粉圆子等。

七、思考题

1. 印模的操作注意事项有哪些?
2. 思考元宵的制作方法。

任务4 镶嵌

- 任务驱动

1. 了解镶嵌的概念。
2. 熟练掌握镶嵌的操作方法。

● 知识链接

镶嵌是通过在坯料表面镶装或内部填夹其他原料而达到美化成品、增调口味的一种方法。镶嵌可具体分为以下几种方法：

1. 直接镶嵌

如枣糕、枣饼、蜂糖糕等，成熟前在糕坯上镶上几个红枣肉粒、青红丝等，要求分布匀称。

2. 间接镶嵌

即把各种配料和粉料拌和在一起，制成成品后表面露出配料，如赤豆糕、百果年糕，五仁玫瑰糕等，要求配料分布均匀。

3. 镶嵌料分层夹放

如夹沙糕、三色糕等，要求夹层厚薄均匀，夹馅不宜太厚，防止与糕坯分离。

4. 借助器皿镶嵌

如八宝饭、山药糕、喇嘛糕等则是先把配料铺放在碗底，摆成各式图案，加熟糯米、馅心等平口后蒸熟，取出倒扣于盘内，表面形成优美图案。要求色彩配制要和谐。

5. 配料填在坯料本身具有的洞腹中

如糯米甜藕，即是将糯料填入藕孔中，盖上，成熟晾凉，切片即为红藕嵌白米。

镶嵌时，要利用食用性原料本身的色泽和美味，经过合理的组合和搭配，镶嵌在制品表面以美化制品，增加口味和营养。操作时要根据制品的要求和各种配料的色泽、形状及食用者的要求而掌握。

除此之外，还有芝麻、樱桃、椰丝，面包糠等饰料在制品外面点绘成一定形态的装饰技术；用染色糖粉、碎果仁、碎花果等饰料辅撒作花心、花蕊的装饰技术；用果仁、水果、蔬菜等饰料拼摆于制品表面的装饰技术等。

实例

八宝饭

一、原料

薏仁米50克、白扁豆50克、莲子（去心）50克、红枣20个、核桃仁50克、龙眼肉50克、糖青梅25克、糯米500克、白糖100克 、猪油50克

二、工艺流程

原料加工→装碗→蒸制→扣盘→淋汁

三、制作步骤

1. 将糯米加入冷水，泡4小时，沥尽水分后，蒸约20分钟取出，凉后拌入适量白糖和猪油。

2. 莲子、红枣泡发，核桃仁炒熟。

3. 取大碗一个内涂猪油，碗底摆好青梅、龙眼肉、枣、核桃仁、莲子、白扁豆、薏仁米，最后放熟糯米饭，再上蒸锅蒸20分钟，把八宝饭扣在大圆盘中，再用白糖加水熬汁，淋在八宝饭上即可。

四、操作要点

糯米须提前蒸熟，装碗时碗内一定要涂抹一层猪油，注意蒸制时间。

五、风味特色

造型美观 甜糯适口，健脾益胃，补肾化湿。

六、相关面点

红枣发糕，山药糕，糯米藕等。

七、思考题

1. 制作八宝饭时糯米可以用粳米替代吗？
2. 如何使八宝饭成形美观大方？

模块三

面点馅心制作实训

模块导读： 面包馅心制作是一项有较高技术要求的操作，它决定了面点的口味，影响着面点的形态，形成了面点的特色，增加了面点的花色品种。制馅是面点制作过程中重要的环节。

模块目标：

1. 了解馅心的概念、分类和作用。
2. 明确馅心的制作要求。
3. 掌握常用馅心的制作方法。
4. 通过实例达到举一反三的效果。

模块思考：

1. 什么是馅心？
2. 馅心可分为哪几类？
3. 馅心具有什么作用？

一、馅心的定义

馅心又称馅子，是指将各种制馅原料经过加工调制后包捏或镶嵌入米、面等坯皮内的“心子”。它与主坯相对应，经过单独处理后再与坯皮组合成形，形成面点。

二、馅心的分类

馅心的种类随着馅料的变化而增加，种类繁多，花色不一，但大致可从馅心口味、原料性质、制作方法三个方面来加以分类。

1. 按馅心口味分

按馅心口味分，可分为咸馅、甜馅、复合味馅三种。

咸馅是以肉、菜为原料，使用油盐调味烹制或拌制而成；甜馅主要是以糖为基本原料，再辅以各种干果、蜜饯、果仁等原料制作而成；复合味馅是在甜馅的基础上稍加食盐或其他原料（如香肠、火腿、烤鸭、腊肉、叉烧肉等）调制而成。

2. 按原料性质分

按原料性质分，可分为荤馅、素馅、荤素馅三种。

荤馅主要是用动物原料调制而成；素馅主要是用植物性原料调制而成；荤素馅则是动物性原料与植物性原料的综合利用，或以荤料为主，或以素料为主，或荤素料各半。

3. 按制作方法分

按制作方法分，可分为生馅、熟馅、生熟馅三种。

生馅是将生原料加入调味料直接拌制而成的馅；熟馅是馅料以过炒、煮、蒸、煨、焯、焖等烹调方法将原料加热成熟后制得的馅；生熟馅是馅料中既有生原料又有熟原料。

三、馅心的作用

1. 改善制品口味

面点的口味主要由馅心来体现：其一，大多数包馅或夹馅面点的馅心在整个制品中占有很大比重，通常是坯料占50%、馅心占50%，有的重馅品种如烧卖、锅贴、春卷、水饺等，馅料多于坯料，包馅多的可以达到整个面点重量的60%~90%；其二，在评判包馅或夹馅面点制品的好坏时，人们往往把馅心质量作为衡量的标准，许多点心就是因为面点制品的馅料讲究、做工精细、巧用调料，使制品达到“鲜、香、嫩、润、爽”等特点而大受人们的欢迎，这些都反映着馅心的质量。

2. 影响面点形态

馅心与制品的成形有密切关系。馅心能美化成品的外形，如四喜蒸饺、凤尾烧卖等在生坯做好后，再在空洞内配以火腿、虾仁、青菜、蛋白等馅心，使制品形态更加美观；皮料包入馅心后有利于造型、入模，成熟后不走样、不塌陷，使外观花纹清晰美观，而这对馅心的软硬度、生熟有很大要求。如用于花色品种的馅心，一般应干一些，稍硬一些，这样才能撑住皮坯，保持形态不变；皮薄或油酥制品的馅心，一般情况下应用熟馅，以防内外生熟不一或影响形态；皮坯性质柔软的，馅料也应相对柔软，才有利于制品的包捏成形，如果馅料过于粗大，就不利于包捏成形。

3. 形成面点特色

面点中有许多独具特色的品种，虽与所有坯料及成形加工和成熟方法有关，但大多是通过馅心来突出其风味特色。

4. 丰富面点花色品种

由于馅心用料广泛，调味方法多样，加工方法多样，使得馅心的花色丰富多彩，从而丰富了面点的品种。通过对馅心的变换、品种的增多，更能反映出各地面点的特色。

项目一 咸味馅心的制作工艺

学习目标 1. 掌握各种咸味馅心的概念。
2. 掌握咸味馅心的选料及初加工。
3. 掌握各种咸味馅心典型案例的工艺流程及制作方法。
4. 通过咸味馅心的学习达到举一反三的效果。

在馅心制作中，咸味馅心是使用最多的一种馅心，由于用料广、种类多，分类标准就有所不同。按制作方法可分为生咸馅、熟咸馅、生熟咸馅三类；按原料性质可分为素馅、荤馅，荤素馅三类。

一、选料及加工

咸馅原料的荤料多选用畜肉、禽肉、水产海鲜及其制品；素料多选用时令蔬菜、干制菜、腌制菜及豆制品等。不论荤、素料都以质地细嫩、新鲜为上品。

在认真选料后，要分别进行初加工和精加工。如肉类先去骨、去皮，再按部位下料洗净；各种蔬菜要选择好洗净；干货、干料要分别涨发、整理、洗净；若原料中带有不良气味，如苦味、涩味、腥味等，要经过处理后方能做馅。

二、原料的加工形态

无论是荤、素原料，一般都要求加工成细小的形状，如加工成丝、小丁、碎粒或泥蓉等，这样既便于包捏成形，又容易成熟，避免皮熟馅生、馅熟皮烂的现象。

三、馅心的调制方法和特点

咸馅的调制方法有生拌和熟制两种。用于生素馅的原料大多是新鲜蔬菜，经择洗、刀工处理后，一般要去水分；对有异味的蔬菜要去除异味，然后加调味品再进行拌制。生素馅能够较好地保持蔬菜原有的香味和营养成分，吃起来清爽鲜嫩。用于熟素馅的蔬菜原料，一般都要经过炒、蒸、煮等方法烹制成熟，具有清香不腻、柔软适口的特点。生荤馅在制作时一般要“打水”或“掺冻”，以达到汁多肉嫩、味鲜美的效果。熟荤馅的制作必须要根据原料的性质、品种对馅心的要求，采用不同的烹调方法。

任务1 | 咸生素馅

- **任务驱动**

1. 了解生成素馅的工艺流程。
2. 掌握各种生成素馅的制作方法。

- **知识链接**

咸味生素馅指用各种蔬菜经过择洗、涨发、刀工处理、去水分、烹调处理加入调味料后调制而成的咸味馅心。

实例

萝卜丝馅

一、原料

象牙白萝卜500克、冬菇50克、熟猪油50克、味精3克、盐8克

二、工艺流程

选料→清洗→刀工处理→去水分→拌制→调味→成馅心

三、制作步骤

1. 将象牙白萝卜削去皮、洗净，切成细丝用盐腌渍，挤干水分；冬菇切丝待用。

2. 将切好的萝卜丝等各种原料放入盆中搅拌均匀，加入调料调味。

3. 炒锅内放入猪油烧热，泼在盆中原料上，搅匀即成。

四、操作要点

1. 象牙白萝卜要用盐腌并挤干水分。
2. 猪油要烧热后泼到原料上去使馅心起香。

五、风味特色

香味浓郁，香脆可口。

六、相关面点

包子，饺子，各种饼类。

七、思考题

1. 萝卜丝馅应选用什么萝卜？
2. 怎样除去萝卜的水分？

韭菜鸡蛋馅

一、原料

韭菜250克、鸡蛋150克、盐6克、味精3克、色拉油10克、香油5克、胡椒粉3克

二、工艺流程

选料→清洗→刀工处理→去水分→拌制→调味→成馅心

三、制作步骤

1. 韭菜择洗干净，控去水分，切成小段待用。

2. 鸡蛋打入碗中，加入5克盐，入油锅中把鸡蛋炒熟盛出切碎。

3. 将切好的韭菜和鸡蛋碎放入盆中，先加入色拉油，再加入其他调味料，拌匀即成馅心。

四、操作要点

1. 韭菜要控干水。

2. 要先加油，这样可减少韭菜中的水分外溢。

五、风味特色

韭香浓郁，鲜香可口。

六、相关面点

包子，饺子，各种饼类。

七、思考题

1. 韭菜馅应选用什么质量的韭菜？

2. 为什么在制作韭菜馅时要后加盐？

素三鲜馅

一、原料

豆腐干150克、青菜500克、粉丝100克、色拉油20克、姜10克、葱20克、盐10克、味精10克、香油10克

二、工艺流程

选料→清洗→刀工处理→去水分→拌制→调味→成馅心

三、制作步骤

1. 豆腐干焯水后切成小丁；粉丝泡发切碎；青菜焯水过凉后切碎，挤干水分；姜洗净去皮切末；葱洗净切花待用。

2. 将处理过的豆腐干，粉丝放入碗中，加入色拉油、姜末、葱花，调入调味料拌匀再加入青菜拌匀即成馅心。

四、操作要点

1. 豆腐干焯水可去掉豆腐的腥味。

2. 最后放入青菜可减少青菜中的水分外溢。

五、风味特色

清爽可口，香味浓郁。

六、相关面点

包子，饺子，各种饼类。

七、思考题

1. 豆腐干为什么要焯水？

2. 为什么在制作素三鲜馅时要后加素菜？

白菜馅

一、原料

豆腐干150克、大白菜500克、姜15克、色拉油20克、盐8克、味精10克、胡椒粉6克、香油5克

二、工艺流程

选料→清洗→刀工处理→去水分→拌制→调味→成馅心

三、制作步骤

1. 白菜洗净，切细丝，再剁成碎末，用盐腌15分钟，挤干水分。

2. 豆腐干切碎；姜去皮洗净切末。

3. 白菜、豆腐干混合，加入色拉油、姜末以及调味料拌匀即成馅心。

四、操作要点

白菜也可以剁碎后挤干水分。

五、风味特色

咸香得当，清爽可口。

六、相关面点

包子，饺子，各种饼类。

七、思考题

1. 制作白菜馅时应选用什么品种的白菜？

2. 用什么方法除去白菜的水分？

香菇青菜馅

一、原料

泡发香菇150克、小青菜500克、豆腐干150克、葱30克、姜10克、盐10克、胡椒粉5克、味精6克、色拉油20克、香油5克

二、工艺流程

选料→清洗→焯水→刀工处理→去水分→拌制→调味→成馅心

三、制作步骤

1. 青菜洗净入沸水中焯烫，捞出过凉水，剁碎，挤干水分；泡发香菇剁碎；豆腐干切碎；葱洗净切花；姜洗净切末。

2. 将青菜放入盆中，调入色拉油、香油拌匀，再加入豆腐干、香菇及盐、味精、胡椒粉、葱花和姜末拌匀即可。

四、操作要点

先放香油可使青菜中的水分不外溢。

五、风味特色

清爽可口，香味浓郁。

六、相关面点

包子，饺子，各种饼类。

七、思考题

1. 香菇应用什么涨发法？

2. 香菇、青菜的比例是多少？

银耳萝卜馅

一、原料

银耳150克、青萝卜150克、胡萝卜150克、白糖6克、盐6克、味精10克、色拉油15克、香油5克

二、工艺流程

选料→清洗→刀工处理→去水分→拌制→调味→成馅心

三、制作步骤

1. 银耳用温水泡发后，切碎；青萝卜和胡萝卜切细丝、除去水分待用。

2. 将银耳、青萝卜丝、胡萝卜丝加入色拉油拌匀后再加入白糖、盐、味精、香油拌匀成馅。

四、操作要点

银耳用温水泡发涨发率高。

五、风味特色

色泽鲜艳，诱人食欲。

六、相关面点

包子，饺子，各种饼类。

七、思考题

1. 银耳应用什么涨发法？

2. 萝卜可选用什么萝卜？

黄瓜鸡蛋馅

一、原料

黄瓜300克、鸡蛋200克、水发木耳150克、海米50克、香菜20克、葱15克、盐10克、味精10克、色拉油20克、香油10克

二、工艺流程

选料→清洗→炒蛋→刀工处理→去水分→拌制→调味→成馅心

三、制作步骤

1. 锅内加10克色拉油烧至七成热，打入鸡蛋炒到嫩熟盛出，切末；黄瓜洗净去皮，切碎挤去水分；海米、香菜、木耳洗净切末；葱洗净切花。

2. 将黄瓜、鸡蛋、海米、香菜、葱花加入盆中，放入10克色拉油、香油、盐、味精拌匀，制成馅料。

四、操作要点

1. 鸡蛋不能炒老。

2. 黄瓜也可用盐去水分。

五、风味特色

色泽鲜艳，软脆适口。

六、相关面点

包子，饺子，各种饼类。

七、思考题

1. 怎样才能把鸡蛋炒嫩？

2. 黄瓜去水应该用什么方法？

胡萝卜鸡蛋馅

一、原料

胡萝卜300克、鸡蛋200克、虾皮20克、葱20克、姜10克、盐10克、味精10克、色拉油25克、香油10克

二、工艺流程

选料→清洗→炒蛋→刀工处理→去水分→拌制→调味→成馅心

三、制作步骤

1. 锅中放10克色拉油将鸡蛋炒成嫩熟、剁碎；将胡萝卜洗净切细丝，用开水烫过，捞出自然冷却后剁细；虾皮洗净；葱姜洗净切末。

2. 将胡萝卜、熟鸡蛋、虾皮放入盆中，加入葱姜末，盐、味精、色拉油、香油，制成馅料。

四、操作要点

胡萝卜用开水烫过后自然冷却不易失去营养。

五、风味特色

色泽艳丽，诱人食欲。

六、相关面点

包子，饺子，各种饼类。

七、思考题

1. 怎样才能把鸡蛋炒嫩？

2. 胡萝卜鸡蛋馅有什么特点？

菠菜鸡蛋馅

一、原料

菠菜300克、鸡蛋150克、胡萝卜150克、水发木耳100克、葱20克、姜10克、盐8克、味精10克、色拉油30克、香油5克

二、工艺流程

选料→清洗→焯水→刀工处理→去水分→拌制→调味→成馅心

三、制作步骤

1. 菠菜洗净用开水烫过用冷水过凉后切碎、挤去水分；锅中放10克色拉油将鸡蛋炒成嫩熟、剁碎；胡萝卜洗净切细丝用开水烫自然冷却剁细；水发木耳切末；葱姜洗净切成末。

2. 将菠菜、胡萝卜、木耳、鸡蛋碎放入盆中，加入葱姜末，20克色拉油、香油，盐、味精，拌制成馅料。

四、操作要点

1. 菠菜用开水烫时间一定要短，要用冷水过凉保持绿色。

2. 调味时要先用油，防止水分外溢。

五、风味特色

色泽鲜艳，营养丰富。

六、相关面点

包子，饺子，各种饼类。

七、思考题

1. 怎样才能把鸡蛋炒嫩?

2. 菠菜去水应该用什么方法?

南瓜海米馅

一、原料

南瓜300克、海米30克、水发木耳100克、葱20克、姜10克、盐20克、味精10克、色拉油20克、香油5克

二、工艺流程

选料→清洗→刀工处理→去水分→拌制→调味→成馅心

三、制作步骤

1. 南瓜去皮、瓤，切细丝，用少许盐腌拌，挤去水分；水发木耳洗净剁成末，海米泡发洗净切丁；葱姜洗净切末。

2. 将南瓜丝、木耳、海米放入盆中，加入葱姜末、色拉油、盐、味精、香油，制成馅料。

四、操作要点

调味时要先用油，防止南瓜水分外溢。

五、风味特色

鲜香可口，营养丰富。

六、相关面点

包子，饺子，各种饼类。

七、思考题

1. 南瓜去水应该用什么方法?

2. 海米怎样涨发?

翡翠烧卖馅

一、原料

油菜500克、水发香菇200克、海米20克、葱10克、姜5克、色拉油20克、香油8克、盐8克、味精5克

二、工艺流程

选料→清洗→焯水→刀工处理→去水分→

拌制→调味→成馅心

三、制作步骤

1. 油菜去老叶洗净，开水烫过，捞出过凉，剁碎挤去水分。

2. 水发香菇洗净切碎；海米泡发洗净切碎；葱姜洗净切末备用。

3. 将油菜、水发香菇、海米放入盆中，加入色拉油、葱姜末、香油、味精、盐搅拌均匀即可。

四、操作要点

1. 油菜用开水烫时间一定要短，要用冷水过凉保持绿色。

2. 调味时要先用油，防止水分外溢。

五、风味特色

色泽翠绿，鲜香可口。

六、相关面点

烧卖，蒸饺等。

七、思考题

1. 青菜焯水时应注意什么？

2. 翡翠馅为什么先加油？

任务2 咸生荤馅

- **任务驱动**

1. 了解咸生荤馅的工艺流程。

2. 掌握咸生荤馅的制作方法。

- **知识链接**

咸生荤馅是指将鲜肉（禽类、畜类、水产品类等）经过刀工处理后，加水（或汤）及调味品搅拌制成，也叫生肉馅；具有鲜香、肉嫩、多卤的特点，适用于包子、饺子等品种。

实例

生猪肉馅

一、原料

猪肉500克、酱油25克、姜末30克、盐5克、味精5克、香油10克、骨头汤（或水）250克、葱花25克、糖8克

二、工艺流程

选料→清洗→刀工处理→加骨头汤→拌制→调味→馅心

三、制作步骤

1. 将猪肉洗净剁成蓉，酱油喂馅，分次加入骨头汤，边加边向一个方向不断地用力搅拌，直至肉馅充分上劲，水分吃足，再加入盐、糖、姜末搅拌均匀。

2. 将搅拌好的猪肉馅放入冰箱冻1~2小时后使用，使用时再放入味精、香油、葱花搅拌

均匀即可。

四、操作要点

1. 加骨头汤时要顺一个方向搅拌，否则不易上劲。

2. 放入冰箱里冻以便于制作成品。

3. 包馅时加入味精、香油、葱花拌匀，可使香味尽量减少挥发。

五、风味特色

多卤汁，香味醇厚。

六、相关面点

小笼包子，饺子等。

七、思考题

1. 生猪肉馅为什么加骨头汤？

2. 生猪肉馅为什使用时才加味精、香油、葱花？

生牛肉馅

一、原料

牛肉500克、花椒2克、姜25克、酱油10克、味精5克、香油5克、盐10克、糖3克、水200克

二、工艺流程

选料→清洗→刀工处理→去加水→拌制→调味→馅心

三、制作步骤

1. 牛肉洗净剁成蓉；姜洗净切成末，花椒泡水。

2. 将剁成蓉的牛肉放入盆中，加酱油喂馅，分次加入花椒水，边加边搅拌，直至吃透水，再加入姜末、盐、糖拌匀，放入冰箱冷藏1~2小时取出，最后加入味精、香油调好口味即成。

四、操作要点

1. 牛肉肌纤维长而粗糙，肌间筋膜等结缔组织多，肉质老韧，相对来说牛腰板肉、颈肉、前头等部位的肉，肉丝短、肉质嫩、水分多，故一般采用这部分的肉做肉馅。

2. 牛肉膻味重，不仅可用花椒水解膻，还可配洋葱、胡萝卜、西芹、大葱等辅料以增香去异味。

3. 花椒水的制作过程是25克花椒用500克沸水泡开即成。

五、风味特色

味道鲜美，卤汁丰富。

六、相关面点

小笼包子，饺子等。

七、思考题

1. 牛肉馅应选什么部位？

2. 生牛肉馅为什么加花椒水？

生羊肉馅

一、原料

羊肉500克、香菜20克、花椒2克、盐5克、味精3克、酱油10克、香油5克、葱5克、水200克

二、工艺流程

选料→清洗→刀工处理→加水分→拌制→调味→馅心

三、制作步骤

1. 羊肉洗净剁成蓉；花椒泡水制成花椒水；香菜洗净切末；葱洗净切成葱花。

2. 将羊肉蓉放入盆中，加酱油喂馅，分次加入花椒水，边加边搅拌，直至吃透水分，加入盐、味精、香油调好味即可，用时加入葱

花拌匀。

四、操作要点

1. 羊的种类较多，不同品种的羊肉质相差很大，一般选用膻味较小的部位如腰板肉、肋条肉等作馅料。

2. 羊肉调味不用姜，俗话说“牛不用韭，羊不用姜”。

五、风味特色

鲜香味美，口感细腻。

六、相关面点

小笼包子，饺子等。

七、思考题

1. 生羊肉馅为什么加花椒水？

2. 羊肉选用什么羊的肉质较好？

生鱼肉馅

一、原料

黑鱼1000克、水200克、姜15克、葱5克、黄酒5克、盐10克、酱油15克、味精10克、香油5克、猪肥膘50克、白糖5克、水150克

二、工艺流程

选料→清洗→刀工处理→加水→拌制→调味→馅心

三、制作步骤

1. 黑鱼洗净，去腮、鳞片、骨、刺、皮、筋后与猪肥膘肉一起剁蓉；姜切洗净末；葱洗净切葱花。

2. 把剁好的肉蓉放入盆内，加水，边加边搅拌，搅拌吃浆，再加入白糖、黄酒、姜末、盐、酱油、味精、香油调味，最后放入葱花拌匀即可。

四、操作要点

1. 鱼肉一般选用肉质较厚、出肉率高的鱼，如鲜鱼、鲅鱼、草鱼等，要求鱼一定要新鲜无异味。

2. 因鱼肉黏性小，可适当加入猪肥膘肉或猪油改善口感。

3. 制作时为解腥去腻，可在拌馅时加入黄酒，少量的糖或柠檬汁。

4. 有的地方将鱼肉切成小丁，用油滑熟后加入韭黄等原料和调味料一起拌制成馅。

五、风味特色

质感鲜嫩，口味鲜美。

六、相关面点

小笼包子，水饺，蒸饺等。

七、思考题

1. 制生鱼肉馅应选什么鱼？

2. 怎样除去鱼的腥味？

生鸡肉馅

一、原料

鸡脯肉500克、盐6克、葱5克、姜10克、味精3克、香油10克、水180克、黄酒15克

二、工艺流程

选料→清洗→刀工处理→加水→拌制→调味→馅心

三、制作步骤

1. 鸡脯肉用刀背敲烂、去筋，再剁成蓉；葱姜洗净切成末。

2. 把鸡肉放入盆中，加水吃浆，再放入姜

末、黄酒、盐拌匀，最后放入味精、香油、葱花拌均匀即可。

四、操作要点

1. 鸡肉馅也可加入鸡蛋清吃浆。

2. 鸡肉馅不能加水过多。

五、风味特色

鲜香可口，质感细腻。

六、相关面点

小笼包子，水饺，蒸饺等。

七、思考题

1. 鸡肉该选什么部位？

2. 生鸡肉馅除加水外还可加什么？

生虾仁馅

一、原料

虾仁500克、姜80克、盐6克、味精3克、葱10克、姜10克、蛋清100克

二、工艺流程

选料→清洗→刀工处理→加蛋清→拌制→调味→馅心

三、制作步骤

1. 将虾仁洗净切成小丁；姜洗净切末；葱洗净切葱花。

2. 将虾仁丁放入盆中，加姜末拌匀，再放蛋清吃浆，然后放盐、味精，最后放葱花拌匀即可。

四、操作要点

1. 一般选用对虾或出肉率高的虾。

2. 为了突出虾的鲜味，味精要放得适量。

3. 虾仁不能切得过细，否则，难以吃出虾的味道。

4. 虾丁水量很少，所以要少加水，可用蛋清代替水。

五、风味特色

口感细嫩，味道味美。

六、相关面点

馄饨，虾饺等。

七、思考题

1. 生虾仁馅该选什么虾？

2. 生虾仁馅为什么加蛋清？

生鸡三鲜

一、原料

鸡脯肉500克、虾仁200克、水150克、海参100克、姜末10克、盐10克、味精3克、香油5克、葱花5克

二、工艺流程

选料→清洗→刀工处理→加水→拌制→调味→馅心

三、制作步骤

1. 将鸡脯肉剁成蓉；虾仁、海参切成小丁。

2. 将鸡肉蓉先放盆中，加姜末拌匀，再分次加水吃浆，然后放盐、味精、香油调味，再放虾仁、海参、葱花拌匀即可。

四、操作要点

1. 鸡肉糜要先吃透水分。

2. 海参要发好，不能有腥味。

五、风味特色

鲜香味美，风味独特。

六、相关面点

小笼包子，水饺，蒸饺等。

七、思考题

1. 生鸡三鲜馅鸡脯肉、虾仁、海参的比例是多少？

2. 海参怎样涨发？

生肉三鲜

一、原料

猪肉500克、虾仁200克、水发海参100克、水200克、酱油10克、姜10克、盐10克、味精3克、葱花10克、香油5克

二、工艺流程

选料→清洗→刀工处理→加水→拌制→调味→馅心

三、制作步骤

1. 将猪肉洗净剁成蓉，虾仁、水发海参洗净切成小丁。

2. 猪肉蓉先入盆内，加酱油喂馅，再分次加水吃浆，盐、姜末拌匀，然后放入味精、香油调味，再放虾仁、海参、葱花拌匀即可。

四、操作要点

1. 猪肉茸要先吃透水分。

2. 虾仁丁要切大些。

五、风味特色

鲜香味美，风味独特。

六、相关面点

小笼包子，水饺，蒸饺等。

七、思考题

1. 制作咸肉馅时为什么要先加入酱油？

2. 水发海参的清洗过程是什么？

任务3 咸熟荤馅

● 任务驱动

1. 了解咸熟荤馅的工艺流程。

2. 掌握咸熟荤馅的制作方法。

● 知识链接

咸熟荤馅是指熟肉料以调制搅拌而成的馅。具有卤汁少、油重、味鲜、爽口的特点，一般用于热粉团花色点心和油酥制品的点心。

咸熟荤馅的制作过程有两种：一种是将生肉料（如禽肉、水产品等）剁碎，加热烹制而成；另一种是将烹制好的熟料切成末或丁，拌制而成。

实例

咖喱馅

一、原料

牛肉500克、洋葱250克、咖喱粉7克、色拉油75克、咖喱膏5克、白糖5克、老抽8克、生抽5克、味精3克、盐4克、黄酒5克、清汤50克、淀粉5克

二、工艺流程

选料→清洗→刀工处理→炒制→调味→馅心

三、制作步骤

1. 牛肉剁碎；洋葱切丁或指甲片。

2. 锅烧热加色拉油30克煸炒牛肉，加黄酒炒熟炒散倒出。

3. 锅内加色拉油45克略炒咖喱粉、咖喱膏，加洋葱炒香，倒入炒散的牛肉末，加入白糖、老抽、生抽、盐拌匀，加少许清汤、味精勾芡，晾凉备用。

四、操作要点

1. 炒牛肉时要先放黄酒去膻味。

2. 配洋葱更能增加香味。

五、风味特色

具有浓郁的咖喱味，香咸适口。

六、相关面点

花色点心，酥皮点心等。

七、思考题

1. 怎样才能去掉牛肉的膻味？

2. 怎样炒制咖喱粉、咖喱膏？

鸡肉馅

一、原料

鸡脯肉500克、猪油50克、盐6克、鸡汤100克、白糖5克、味精3克、鲜笋100克、淀粉5克

二、工艺流程

选料→清洗→刀工处理→炒制→调味→馅心

三、制作步骤

1. 将鸡脯肉洗净、煮熟晾凉切成小丁；鲜笋切成小丁。

2. 猪油在锅中烧热，煸炒鸡肉丁、笋丁出香后加鸡汤、盐、白糖、味精，待汁稍稠时勾芡，冷却后即可。

四、操作要点

1. 鸡肉的丁应比笋丁大些。

2. 勾芡时的芡汁要稍厚些，以便于包馅。

五、风味特色

口味醇厚，香咸适口。

六、相关面点

包子，酥皮点心等。

七、思考题

1. 鸡肉馅为什么要勾厚芡？

2. 鸡丁为什么要比笋丁大？

叉烧馅

一、原料

猪肉500克、汾酒50克、酱油15克、老抽5克、色拉油30克、八角15克、黄酒10克、姜25克、葱25克、柱侯酱15克、白糖25克、淀粉10克、盐15克、蒜10克、香油10克、清汤100克

二、工艺流程

选料→清洗→刀工处理→腌渍→烤制→煨制→调味→馅心

三、制作步骤

1. 将猪肉洗净切成4厘米宽、10厘米长、2厘米厚的条；姜洗净拍块；葱洗净切段；蒜洗净拍块。

2. 将切好的猪肉放入盆内，加酱油、老抽、汾酒、白糖、姜、葱、柱侯酱腌渍2小时后，用钩子将腌好的肉挂起，吊在烤炉内，烤约40分钟，刷点香油即好。

3. 锅内放色拉油加入八角、葱、姜、蒜炒香，加黄酒、盐、酱油、白糖、清汤烧开，再放入烤好的肉条，用小火煨至汁浓时盛出晾凉。

4. 将肉条切成指甲片，加入面，捞芡拌匀即可。

四、操作要点

1. 面捞芡的制作过程是先将300克猪油放入锅内烧热，加入50克干葱炸香，捞出不用，接着加入300克面粉炒至淡黄色，加入1000克水、250克酱油、300克白糖搅拌至熟，即成面捞芡。

2. 烧制叉烧宜选用半肥半瘦的臀肉或腿肉。

3. 叉烧肉应烧入味，但不宜烧得太烂。

4. 面捞芡不宜太稀薄，用量要适宜。

五、风味特色

口味香醇，甘甜适口。

六、相关面点

包子，酥皮点心等。

七、思考题

1. 叉烧馅应选什么部位的猪肉？

2. 怎样制作面捞芡？

蟹粉馅

一、原料

螃蟹1500克、猪油200克、盐4克、黄酒10克、姜10克、葱10克、湿淀粉5克

二、工艺流程

选料→清洗→炒蛋→刀工处理→去水分→拌制→调味→馅心

三、制作步骤

1. 螃蟹洗净蒸熟，剔出蟹肉剁碎；姜洗净拍破；葱洗净打成结。

2. 将猪油放锅内烧热，加入姜、葱充分炸出香味来，捞出姜块、葱结后，随即放入蟹肉、黄酒煸炒至香，加入盐，用湿淀粉勾薄芡即可。

四、操作要点

蟹肉做好后，一般要加些鲜肉馅拌和，配合比例：蟹粉占60%～70%，鲜肉馅占30%～40%。

五、风味特色

口味鲜美，色泽金黄。

六、相关面点

包子，汤包等高档点心。

七、思考题

1. 怎样剔出蟹肉？

2. 蟹粉馅蟹粉、猪肉的比例是多少？

汤包馅

一、原料

瘦猪肉1000克、肥母鸡1只、猪皮500克、盐20克、黄酒15克、胡椒粉3克、味精20克、葱末50克、姜末20克、老抽30克、白砂糖30克、姜块50克、葱段50克

二、工艺流程

选料→清洗→焯水→煮汤→刀工处理→复煮→调味→馅心

三、制作步骤

1. 将猪肉、母鸡、猪皮洗净焯水后，捞出用冷水洗净。

2. 在不锈钢锅内加入冷水上火烧沸，放入猪肉、母鸡、猪皮，加入葱段、姜块，用旺火煮沸，然后改用小火焖烂（鸡能去骨，肉可用筷子插入），葱姜捞出不用，再将猪肉、猪皮、鸡捞出。

3. 将熟猪肉、熟母鸡肉分别切成小丁，猪皮用绞肉机绞碎或用刀剁成蓉，放在盛器内待用。

4. 将原汤过箩后煮沸，将肉丁、猪皮蓉放回原汤内煮沸，加入老抽、黄酒、盐、葱姜末、胡椒粉、味精、白砂糖搅匀。待口味浓醇时，起锅倒入盆内，冷却后放入冰箱待用。用时从冰箱中取出，稍加搅拌即可。

四、操作要点

1. 猪肉、母鸡、猪皮洗净焯水以便去掉血水。

2. 原汤过箩以便去掉渣质。

3. 盛放馅心的盆一定要干净，不能有水分，否则会造成污染。

五、风味特色

口味鲜香浓醇，卤汁丰富。

六、相关面点

适用于制作汤包。

七、思考题

1. 怎样才能把皮冻煮好？

2. 制作汤包馅时为何要过箩？

3. 盛放汤包馅的盆为何要干净？

任务4 荤素馅

任务驱动

1. 了解成熟荤馅的工艺流程。

2. 掌握成熟荤馅的制作方法。

知识链接

荤素馅是指用不同的原料制作不同的馅心，常用的肉类原料有鸡肉、鱼肉、鸭肉、猪肉、牛肉、羊肉等，常用的素菜原料有青菜、菜花、雪里蕻、胡萝卜、金针菇、香菇、豆制品、木耳等，可变化出很多荤素馅来。

实例

五丁馅

一、原料

熟鸡肉100克、虾仁100克、水发海参100克、竹笋150克、香菇80克、白糖30克、盐4克、酱油30克、黄酒30克、味精10克、鲜汤350克、香油5克、湿淀粉10克、色拉油500克

二、工艺流程

选料→清洗→刀工处理→掩渍→抄制→调味→馅心

三、制作步骤

1. 熟鸡肉、虾仁、水发海参、竹笋、香菇五种鲜料洗净加工成丁。

2. 虾仁用黄酒、盐腌渍。

3. 将虾仁丁用油滑熟，加入鲜汤、盐、白糖烧开，加入鸡肉丁、虾仁丁、海参丁炒制；笋丁、香菇丁加入到熟馅中略烧煮，再加入黄酒、盐、味精、香油拌匀勾芡即可。

四、操作要点

1. 芡汁要适度，不宜过厚或过稀。

2. 五丁馅可以是不同的原料，用料可根据情况而变化。

五、风味特色

口味醇香，软脆适口。

六、相关面点

适用于制作各种花色点心，发面类、油酥类。

七、思考题

1. 怎样炒制五丁馅？

2. 五丁原料可以变化吗？

杂菜肉馅

一、原料

猪肉夹心300克、海米20克、虾仁100克、冬笋50克、湿冬菇50克、韭黄50克、猪油50克、白糖30克、盐10克、黄酒20克、味精3克、鲜汤250克、香油5克、酱油30克、湿淀粉10克

二、工艺流程

选料→清洗→刀工处理→抄制→调味→馅心

三、制作步骤

1. 将猪夹心肉、虾仁、海米、韭黄、冬笋、冬菇洗净均切成米粒状。

2. 将猪油烧化，放入切碎的粒状原料（韭黄除外）倒入锅内煸炒，烹入黄酒，加入白糖、盐、酱油、鲜汤、味精煮沸，勾芡。用时拌入香油、韭黄即可。

四、操作要点

1. 夹心肉肥瘦适宜。

2. 夹心肉、虾仁的丁要切大些，以便突出主料。

五、风味特色

鲜香可口，色彩丰富。

六、相关面点

适用于制作各种花色点心，发面类、油酥类。

七、思考题

1. 虾仁怎样洗涤？

2. 韭黄为什么要用时才能加入馅中？

平菇肉馅

一、原料

平菇1000克、猪瘦肉250克、水75克、盐10克、味精3克、白糖5克

二、工艺流程

选料→清洗→刀工处理→加水分→拌制→调味→馅心

三、制作步骤

1. 将平菇洗净剁碎挤干水分；猪肉剁碎成蓉。

2. 猪肉蓉放入盆中加水搅拌；加盐、白糖、味精拌匀，将剁碎的平菇加入搅拌即可。

四、操作要点

1. 平菇要去掉水分，否则馅心会溢出水分。

2. 猪肉应加水搅拌。

五、风味特色

绵软适口，营养丰富。

六、相关面点

适用于制作各种花色点心，发面类、油酥类。

七、思考题

1. 平菇是不是要最后加入？

2. 平菇去水应该用什么方法？

菜肉馅

一、原料

猪夹心肉500克、水100克、油菜1000克、酱油25克、香油25克、味精10克、白糖4克、胡椒粉1克、盐10克、葱50克、姜5克

二、工艺流程

选料→清洗→焯水→刀工处理→拌制→调味→馅心

三、制作步骤

1. 将猪夹心肉洗净剁成蓉，放入盆内；葱择洗干净切成葱末；姜剁成末待用。

2. 将油菜择洗净，入沸水中焯至断生后捞出，用冷水过凉，剁碎挤去水分。

3. 在肉蓉中加酱油喂馅，加水、胡椒粉、白糖、盐、姜末搅拌均匀，然后加入油菜、味精、香油搅拌均匀便成菜肉馅（用时加葱末）。

四、操作要点

1. 油菜焯水时间不能太长，要保持碧绿的颜色。

2. 用猪夹心肉馅心比较香且能吃水。

五、风味特色

鲜香可口，营养丰富。

六、相关面点

适用于制作各种花色点心，发面类。

七、思考题

1. 油菜焯水应到什么程度？

2. 怎样拌制菜肉馅？

猪肉雪菜冬笋馅

一、原料

肥瘦猪肉500克、腌制雪里蕻500克、冬笋200克、熟猪油50克、酱油25克、香油25克、鲜汤50克、味精10克、白糖4克、黄酒25克、湿淀

粉20克、胡椒粉1克、盐6克、葱5克、姜5克

二、工艺流程

选料→泡洗→刀工处理→炒制→调味→馅心

三、制作步骤

1. 将雪里蕻用水泡去咸味，洗净挤干水分后切成末；冬笋切成小丁，在沸水中焯一下后放入鲜汤中焖制；肥瘦猪肉洗净剁碎；葱姜洗净切末。

2. 在炒锅上火放入猪油烧热，加葱姜末、肥瘦猪肉末煸炒出香味，加入酱油、白糖、盐、鲜汤、味精、胡椒粉，再加入雪里蕻、冬笋丁拌和均匀，烧开用湿淀粉勾芡，用香油搅拌均匀即可。

四、操作要点

1. 雪里蕻要用水泡去咸味。

2. 冬笋要洗净去掉涩味。

五、风味特色

味道鲜香，品质独特。

六、相关面点

适用于制作各种花色点心，发面类、油酥。

七、思考题

1. 怎样才能把雪里蕻除去咸味?

2. 猪肉及雪里蕻炒制时应注意什么?

卷心菜猪肉馅

一、原料

卷心菜500克、豆腐干100克、五花猪肉500克、水80克、姜15克、盐10克、味精8克、白糖6克、葱10克、香油15克

二、工艺流程

选料→清洗→刀工处理→拌制→调味→馅心

三、制作步骤

1. 卷心菜洗净剁碎，用盐腌15分钟后挤干水分；五花猪肉剁蓉；姜洗净去皮切末；葱洗净切花；豆腐干切丁备用。

2. 肉蓉放入盆中，加适量的水搅拌至黏稠状，放入盐、味精、白糖、香油、姜末、葱花和卷心菜拌匀即可。

四、操作要点

卷心菜因含有太多水分，因此要挤去多余的水分口感才好。

五、风味特色

鲜香滑润、口感肥嫩。

六、相关面点

适用于制作水调面团，发面类。

七、思考题

1. 哪些原料分别要加水、去水?

2. 卷心菜为什么要后加入?

榨菜肉丝馅

一、原料

猪肉500克、榨菜250克、姜10克、蒜10克、盐4克、味精10克、胡椒粉8克、酱油30克

二、工艺流程

选料→清洗→刀工处理→炒制→调味→馅心

三、制作步骤

1. 榨菜洗净，切成细丝、泡去盐分；猪肉洗净切成细丝，姜、蒜洗净切末备用。

2. 将锅中放油烧热，放入姜、蒜炒香，加入肉丝炒香，再放入酱油、榨菜炒香后放入盐、

味精、胡椒粉拌匀后出锅即成馅心。

四、操作要点

榨菜因含有很多的盐分，因此要用水反复冲洗，才不会太咸。

五、风味特色

鲜香可口，榨菜爽脆。

六、相关面点

适用于制作饼类、春卷类点心。

七、思考题

1. 怎样泡洗榨菜的盐分？

2. 炒制榨菜肉丝馅加料程序是什么？

茄子猪肉馅

一、原料

茄子500克、五花猪肉250克、花椒水10克、干辣椒末10克、葱姜末10克、酱油15克、香油10克、盐6克、味精8克、蒜汁15克

二、工艺流程

选料→清洗→炒蛋→刀工处理→去水分→拌制→调味→馅心

三、制作步骤

1. 茄子洗净切成小块放入沸水锅中焯水，变色时捞出过凉，剁成末后挤去水分备用。

2. 五花猪肉剁成末，加入酱油、花椒水、蒜汁顺一个方向搅入味后加入茄子末、干辣椒末、葱姜末、加盐、香油、味精拌匀即成馅心。

四、操作要点

1. 五花猪肉要打上劲后再加入茄子末。

2. 不喜欢食辣椒者，可以不用辣椒。

五、风味特色

蒜香浓郁，口感软香。

六、相关面点

包子，饺子，馅饼等。

七、思考题

1. 怎样将茄子焯水？

2. 茄子去水应该用什么方法？

韭菜猪肉馅

一、原料

五花猪肉500克、韭菜250克、海米20克、花椒水50克、盐10克、味精5克、色拉油25克、香油8克、酱油15克

二、工艺流程

选料→清洗→刀工处理→加水分→拌制→调味→馅心

三、制作步骤

1. 将韭菜洗净、控水、切末加色拉油拌匀；海米泡发切成小丁。

2. 五花猪肉切剁成蓉，加酱油、花椒水、盐顺一个方向搅拌上劲后加入海米搅拌成糊，再放入香油、味精拌匀即成馅心。制成品前加入韭菜。

四、操作要点

1. 韭菜要先洗净、控水，否则馅心里容易出水。

2. 韭菜要在制作成品时拌进肉馅里，否则也易出水。

五、风味特色

韭香浓郁，鲜香可口。

六、相关面点

包子，饺子等。

七、思考题

1. 清洗的韭菜是否控水？

2. 韭菜为什么要在制作成品时拌进肉馅里？

虾仁木耳馅

一、原料

鲜虾仁500克、水发木耳200克、肥膘肉50克、葱姜末各10克、花椒水10克、胡椒粉5克、色拉油10克、香油5克、盐10克、味精5克

二、工艺流程

选料→清洗→刀工处理→拌制→调味→馅心

三、制作步骤

1. 将鲜虾仁洗净，切细丁；水发木耳洗净切细丁；肥膘肉切丁备用。

2. 将鲜虾仁、木耳、肥膘肉放入盆中加入花椒水顺一个方向搅成糊，加葱姜末、盐、味精、色拉油、胡椒粉、香油，搅拌成馅心。

四、操作要点

鲜虾仁要去掉虾筋。

五、风味特色

虾嫩可口，咸鲜香润。

六、相关面点

饺子，馄饨等。

七、思考题

1. 鲜虾仁为什么要去掉虾筋？

2. 肥膘肉在馅心中起什么作用？

糯米烧卖馅

一、原料

糯米500克、粳米100克、猪夹心肉250克、冬笋200克、高汤100克、葱10克、姜5克、色拉油100克、香油15克、盐15克、味精8克、白糖20克

二、工艺流程

选料→清洗→泡米→蒸米→刀工处理→炒制→调味→拌馅→馅心

三、制作步骤

1. 糯米、粳米洗净用水泡24小时后上笼蒸熟。

2. 猪夹心肉洗净切小丁；冬笋洗净切丁；葱、姜洗净切末备用。

3. 锅内加色拉油烧热后，放入葱姜末，再加入猪肉丁煸炒，加高汤、盐、白糖、味精、香油最后加入蒸好的糯米和粳米，搅拌均匀即可。

四、操作要点

1. 糯米和粳米要在蒸前吃透水分，蒸好后才能保证米粒饱满。

2. 炒肉时要放高汤，以便使糯米和粳米能入味。

五、风味特色

口感软糯，香甜可口。

六、相关面点

烧卖等。

七、思考题

1. 怎样蒸制大米？

2. 拌制糯米烧卖馅应掌握什么要点？

项目二 甜味馅心的制作工艺

学习目标　1．掌握各种甜味馅心的概念。
2．掌握甜味馅心的选料及初加工。
3．掌握各种甜味馅心典型案例的工艺流程及制作方法。
4．通过甜味馅心的学习达到举一反三的效果。

甜馅是一种重要的馅料，在面食中占有重要的位置，运用十分广泛，品种也是举不胜举。甜食是我国人民特别是南方人非常喜爱的品种，甜食从原料、制作过程、花色、口味等方面都有不同的特点，形成了很多的品种。

甜味馅是一种以糖为基本原料，再辅以各种干果、蜜饯、果仁等原料，采用各种烹制和调味方法制作而成的馅心。甜馅按其制作特点分为泥蓉馅、果仁蜜饯馅、糖馅三种。

甜馅主要以糖、油、面、果料及其他辅料构成，利用它们各自的工艺性质，调节它们之间的比例，采用不同工艺，可制作出不同风味的馅料，而糖、油、面、及辅料对馅心的形成和制品加工起着重要的作用。

甜馅的基本构成和作用：

糖：糖是甜馅的主体，有一定的甜度、黏稠性、吸湿性、渗透性等，不仅可以增加甜味，还可以增加馅心的黏结性，便于馅料成团，并有利于保证馅心的滋润，使之绵软适口，有利于馅心的保存等。一般调馅用的糖有白砂糖、糖粉、绵白糖、上等饴糖等。

油：油在馅心中起滋润配料、便于配料的彼此黏结、增加馅心口味的作用。一般制馅用的油脂有猪油、花色拉油、豆油、黄油、香油等。

面粉：馅心加入面粉，可使糖在受热熔化时使糖浆变稠，防止成品塌底、漏糖。若不加面粉，糖受热变成液体状，体积膨大，易使制品爆裂穿底而流糖，食用时易烫嘴。

馅心中使用的面粉一般要经过熟化处理，蒸或炒制成熟，拌入馅心中不会形成面筋，

使馅心在制品成熟时避免夹生、吸油或吸糖后形成硬面团，使制品酥松化渣，如水晶馅就是用猪板油、白糖、熟面粉制成的。加入馅心中的面粉可用米粉或豆粉代替，同样可防止制品爆裂穿底而流糖。

辅料：甜馅中的果料、果肉料等被称为辅料，对甜馅的风味构成起着十分重要的作用，并对馅心的调制、制品的成形成熟有较大影响。一般果料、果肉料等宜切成丁、丝、糜等较小的形状，尤其是一些硬度大的辅料如冰糖、橘饼等，要尽量小，但不能过于细碎。总的原则是，对突出其独有风味的辅料，在不影响制品成形成熟的前提下应稍大，以突出口感。

任务1 泥蓉馅

- **任务驱动**

1. 了解泥蓉馅的工艺流程。
2. 掌握泥蓉馅的制作方法。

- **知识链接**

泥蓉馅是以植物的果实或种子为原料，先加工成泥蓉，再用糖、油炒制而成的馅心。馅心经炒制成熟，目的是使糖、油熔化与其他原料凝成一体，具有馅料细软、质地细腻、甜而不腻，并带有果实香味的特点。

泥蓉馅的制作工艺主要有：

1. 洗、泡

不论选用哪种原料，首先要除去干瘪、虫害等不良果实，清洗干净，对豆类和干果应用清水浸泡使之吸收一些水分，为下一步的蒸或煮打下基础。对根茎菜类如甘薯、山药应洗净去皮。

2. 蒸、煮

蒸煮是为了让原料充分吸水而变得软烂，以便下一步制作泥蓉。一般果实等质地干硬的原料适宜使用煮的方法，煮时先用旺火烧开，再改用小火焖煮，放少量碱粉可缩短煮的时间。

3. 制泥、蓉

方法有三种：一是采用特制的铜筛擦制而成，原料中不易碎烂的果皮、豆皮等留在筛中，起到过滤的作用，使制得的馅料精细、柔软，但这种方法制作的速度慢；二是对于根茎类原料，应采用抿制的方法，反复抿制馅料至细软为止；三是用绞肉机绞制原料，使原料成为泥、蓉，这种方法制得的馅料比较粗糙，果皮、豆皮等纤维含在其中，口感也不是太好，但速度快、产量高。泥与蓉的制作步骤基本相同，只是泥比蓉粗些，制好的馅心更稀一些。

4. 加糖、油炒制

炒制的方法可先加糖炒制，后加馅料炒制，也可先加馅料炒制，再加糖炒制；或炒制时要不停翻动，炒匀，炒熟，以防煳锅。

实例

豆沙馅

一、原料

赤豆500克、凉水1400克、白糖375克、红糖250克、纯碱5克、猪油150克、植物油150克

二、工艺流程

选料→清洗→煮熟→洗沙→炒制→馅心

三、制作步骤

1. 将赤豆用清水洗净除去杂质；加凉水1400克下锅，加入5克纯碱，先用旺火烧开，然后改为用文火煮至豆烂，取出晾凉。

2. 将煮烂的赤豆放入铜筛中，加水搓擦，豆沙沉在桶底，滗去清水，盛入布袋内挤去水分。或用机器取沙，将赤豆放入取沙机中，开动机器，再经过孔径1厘米的铜筛，湿豆沙沉入钴桶，盛入布袋内挤去水分成沙块状。

3. 将锅烧热，放入部分猪油和部分植物油，加入白糖炒匀，倒入豆沙料用木铲不停翻炒，炒的过程一般分三次加油，炒至豆沙中水分快干时放入粉碎的红糖继续炒，至水分基本收干，关火，加第三次油，推炒均匀至豆沙吐油翻沙，浓稠不粘锅，出锅即成。

四、操作要点

1. 煮制时北方习惯加纯碱，南方习惯加小苏打，这样煮豆时易烂。

2. 煮制时间要适宜，一般用手捏检验煮的程度，当用手捏豆时成粉状即可关火。

3. 擦沙时应尽量将豆皮去尽。但有的为了节约成本，也将皮打碎加进去。

4. 制作豆沙馅不仅可用赤豆，还可用绿豆、豌豆、扁豆等。

5. 保存时将豆沙馅放入盆中，面上浇一层色拉油，加盖置凉爽处备用，质优者可存入数月。

五、风味特色

色泽紫黑油亮，软硬适宜，不粘器具，无焦块杂质，口感滋润，滑腻甘甜。

六、相关面点

包子，饼，酥类。

七、思考题

1. 煮赤豆加什么易烂？

2. 炒制赤豆馅怎样不煳锅？

枣泥馅

一、原料

干红枣500克、澄粉25克、白糖250克、猪油100克

二、工艺流程

选料→清洗→去核→蒸→炒制→馅心

三、制作步骤

1. 选用肉厚、体大、质净、有光泽的干红枣洗净，用刀拍碎去核，放入水中浸泡1小时至2小时后捞出。

2. 将泡涨的红枣搓去外皮，上笼蒸烂晾凉，用铜筛擦制成泥状备用。

3. 铜锅或不锈钢锅内入猪油烧热，加入白糖熬化，倒入枣泥同炒至浓稠，筛入澄粉，炒至不粘手、香味四溢时出锅冷却即成。

四、操作要点

1. 炒制时不能用旺火，以中火为宜，慢慢减弱，水分必须炒干，否则不宜储存。

2. 根据品种需要加入适量的白糖、果仁、蜜饯等擦匀即可。

五、风味特色

色泽紫红光亮，无枣皮碎核，口感细腻爽滑、香甜。

六、相关面点

各种花色包子、油酥类制品，应用广泛。

七、思考题

1. 枣怎样才能去核、去皮?

2. 枣泥馅制作应掌握什么关键?

莲蓉馅

一、原料

红莲500克、白糖750克、猪油150克、植物油75克、明矾水5克、碱10克

二、工艺流程

选料→清洗→制蓉→炒制→馅心

三、制作步骤

1. 将莲子放入锅内，加入沸水，没过莲子，加碱，用刷子快速刷，待水一见红，马上倒出，再换新水，继续刷擦，反复3 ~5次，至莲子刷出白肉为止，莲子去皮晾干后用竹签去掉莲心备用。

2. 把去皮去心的莲子加清水煮烂，或上笼中蒸至烂熟，用绞肉机绞成泥，或用细箩搓擦成泥。

3. 铜锅内放部分猪油烧热，加白糖熔化，倒入莲子泥和适量的明矾水，用旺火不停翻炒，分次加入另一部分的猪油，待水分蒸发，莲子泥变稠，改用小火炒至莲子泥稠厚、不粘锅，起锅放入盆中，用炼过的熟植物油盖面，防止莲子泥变硬返生。一般可保存3 ~6个月。

四、操作要点

1. 发莲子时，若加碱加热，其火力不可过大，水太热时，可适当添加冷水。以免影响制品的口味。

2. 莲子去皮后不能再用冷水浸泡，否则莲子煮时不易烂。

3. 炒制莲子宜先用旺火，待莲蓉水分蒸发、变稠时改为文火炒。

4. 炒馅最好用铜锅或不锈钢锅，以保证馅的质感。

五、风味特色

色泽金黄，口味清香甘甜，质地细腻而带有沙质感。

六、相关面点

此馅心应用广泛，适合制作各种花色包子、酥类制品。

七、思考题

1. 莲子怎样去皮、去心?

2. 炒制莲蓉馅应用什么锅?

任务2 果仁蜜饯馅

- **任务驱动**

1. 了解果仁蜜饯馅的工艺。
2. 掌握果仁蜜饯的制作方法。

- **知识链接**

果仁蜜饯馅是以炒熟的果仁和蜜饯为主料，加入糖、油、熟粉等辅料调制而成的一种甜馅心，其特点是松爽香甜、果香浓郁。常用的果仁有瓜子、花生、核桃、松子、榛子、杏仁、巴（达）旦木、芝麻等；常用的蜜饯有桂花、瓜条、蜜枣、青红丝、桃脯、杏脯等。

常用的果仁蜜饯馅有五仁馅、百果馅、椰蓉馅等。由于各地生产原料不同，地域口味要求不同，用料侧重点也有所不同，如广式多用杏仁、橄榄仁；苏式多用松子仁；京式多用北方果脯、京糕；川式多用内江生产的蜜饯；闽式多用桂圆肉；东北地区多用榛子仁等。

由于各地特产不同，选料也就有所侧重，为了保证馅心的质量，必须合理选择原料。如选择核桃、花生、腰果、橄榄仁等这些含油量大的原料，因易氧化产生哈味，且易吸湿回潮发生霉变，选择时一定要选择新鲜无异味的果料，否则馅心质量就不能保证。

果仁一般要经炒熟或烤熟，对果仁较大的如花生、核桃仁，去壳去皮后要用刀或擀面棍压成碎粒；果脯、蜜饯类也要切剁成丁、末后使用。

实例

五仁馅

一、原料

核桃仁250克、瓜子仁150克、花生仁250克、杏仁150克、松子仁250克、板油丁1250克、白糖1250克、熟面粉（或糕粉）500克

二、工艺流程

选料→清洗→烤、炸五仁→刀工处理→拌制→馅心

三、制作步骤

1. 将核桃仁用开水浸泡去皮后放入烤箱烤出香味；瓜子仁、杏仁、花生仁放入烤箱烤熟；松子仁炸熟。

2. 把五仁剁碎，将板油丁、白糖、熟面粉（或糕粉）拌和在一起，用手搓匀搓透，使糖、板油丁、五仁融为一体即成。

四、操作要点

五仁都要烤熟了再制作。

五、风味特色

松爽香甜，果香浓郁。

六、相关面点

适合油酥类烤制的点心，如月饼等。

七、思考题

1. 五仁拌制前要采取什么措施?

2. 五仁馅都有哪几种仁?

百果馅

一、原料

杏仁75克、桃仁100克、瓜子仁25克、熟芝麻125克、橘饼100克、橄榄仁50克、低筋粉125克、白糖500克、色拉油75克、糖白膘丁350克、糖冬瓜125克

二、工艺流程

选料→清洗→烤制→刀工处理→拌制→调味→馅心

三、制作步骤

1. 低筋粉烤熟；杏仁、橄榄仁用温水浸泡后去皮，烤香切小粒；瓜子仁、桃仁烤熟切成小粒。

2. 橘饼切碎，糖冬瓜切成丁。

3. 先将果仁、橘饼、糖冬瓜丁、糖白膘丁、熟芝麻混合均匀，再加入色拉油、糖和适量水拌匀，最后加入低筋粉拌至馅心软硬适度即可。

四、操作要点

1. 馅料中加水仅是为了适当降低馅料的硬度，不能加得过多，否则在烘或烤时易受热蒸发产生水汽，使制品破裂流糖。

2. 可将白糖换成糖浆。

3. 低筋粉要烤熟。

五、风味特色

松爽香甜，果香浓郁。

六、相关面点

适合油酥类烤制的点心，如月饼等。

七、思考题

1. 杏仁、橄榄仁怎样去皮?

2. 低筋粉为什么要烤熟? 它有什么作用?

椰蓉馅

一、原料

椰丝500克、黄油250克、糖粉570克、牛奶175克、熟面粉200克、椰子香精适量

二、工艺流程

选料→黄油软化→搅打均匀→拌制→馅心

三、制作步骤

1. 黄油软化加糖粉搅打均匀，再加入牛奶混合搅打均匀。

2. 将椰丝轧碎后与椰子香精混合搅拌均匀，加入黄油拌匀后的原料再进行搅拌，最后再加入熟面粉拌匀即可。

四、操作要点

各种料一定要混合均匀，也可加点吉士粉增加颜色。

五、风味特色

色泽淡黄，椰香浓郁。

六、相关面点

适合油酥类烤制的点心，特别是广式点心。

七、思考题

1. 椰蓉馅的原料有哪些？

2. 椰蓉馅的制作步骤是什么？

任务3 糖馅

● 任务驱动

1. 了解糖馅的工艺流程。
2. 掌握糖馅的制作方法。

● 知识链接

糖馅是以白糖为主料，加入面粉和其他配料拌制而成的一种馅心。糖馅一般以糖掺粉为基础，再加入配料，使之形成多种风味特色。

实例

一、原料

白糖500克、熟面粉50克、青红丝25克、桂花25克、色拉油100克

二、工艺流程

选料→清洗→拌制→馅心

三、制作步骤

将所有的原料放在一起，用力搓拌均匀即可。

四、操作要点

1. 若太干，可适当加油调和一下，再用力拌均匀即可。

2. 加熟面粉有助于防止糖受热熔化、膨胀，或制品爆裂穿底而流出。

3. 加熟面粉的量要控制：加多了，馅心干燥不爽口；加少了，起不到保护糖不流失的作用。

五、风味特色

香甜可口、味道厚纯。

六、相关面点

适合制作发酵面团、油酥面团的品种。

七、思考题

1. 调制白糖馅要掌握哪些关键？

2. 白糖馅用哪些原料？

麻仁馅

一、原料

白糖500克、熟面粉100克、猪油150克、芝麻250克

二、工艺流程

选料→清洗→炒芝麻研磨→拌制→调味→馅心

三、制作步骤

1. 将芝麻烤熟或炒熟研成细末。

2. 将芝麻末与白糖、猪油、熟面粉擦匀即可。

四、操作要点

1. 芝麻应洗净后放入锅中炒熟或烤熟，研制不宜太细。

2. 如用黑芝麻，则用红糖；如用芝麻酱，则加糖、粉拌匀即可。

五、风味特色

香味浓郁，香甜可口。

六、相关面点

适合制作发酵面团、油酥面团的品种。

七、思考题

1. 麻仁馅要掌握哪些关键？

2. 芝麻怎样成熟？

水晶馅

一、原料

白糖500克、生猪板油250克

二、工艺流程

选料→刀工处理→腌渍→馅心

三、制作步骤

将猪板油去油皮，切成小丁后加入白糖拌匀，腌渍5 ~10天即可。

四、操作要点

猪板油不要清洗，用刀去油皮。

五、风味特色

香甜可口，油而不腻。

六、相关面点

适合制作发酵面团、油酥面团的品种。

七、思考题

1. 为什么猪板油不要清洗？

2. 水晶馅一般要腌渍几天？

蜜玫瑰馅

一、原料

白糖500克、蜜玫瑰50克、熟面粉100克、猪油150克、食用红色素少量

二、工艺流程

选料→刀工处理→拌制→馅心

三、制作步骤

蜜玫瑰剁细，加入猪油调散，再加入白糖与熟面粉反复搓均匀后，加入少量的食用色素拌匀揉成团即可。

四、制作关键

1. 食用色素要最后加入，不能过多，要揉

搓均匀。

2. 最好用天然的甜菜红，也可用合成色素胭脂红，但用量都不得超过每千克0.25克。

3. 蜜玫瑰要调散。

五、风味特色

香甜可口、香味浓郁。

六、相关面点

适合制作发酵面团、油酥面团的品种。

七、思考题

1. 蜜玫瑰馅选用哪些原料?

2. 怎样调散蜜玫瑰?

任务4 复合味馅

● 任务驱动

1. 了解复合味馅的工艺流程。

2. 掌握复合味馅的制作方法。

● 知识链接

除咸馅、甜馅以外还有口味在两种或两种以上的馅心，叫做复合味馅。一般是在咸味或甜味的基础上加上其他口味的原料制成，如椒麻馅、肉松馅、糖醋馅、辣咸甜馅等。大都具有一定的地方特色。

实例

一、原料

白糖250克、芝麻250克、花椒10克、盐5克、猪油100克、香油25克、熟面粉100克、饴糖10克、青红丝10克

二、工艺流程

选料→清洗→炒制→擀碎→拌制→馅心

三、制作步骤

1. 将芝麻、花椒分别炒香后擀碎，花椒末、香油与盐拌在一起制成椒盐。

2. 将芝麻、椒盐、白糖、猪油、熟面粉、饴糖、青红丝等原料混在一起搓擦成馅心即可。

四、操作要点

当馅心很干、不易成团时，可加少量的水加以调节，擦成蓉状，以潮湿为准。

五、风味特色

咸甜适口，香味浓郁。

六、相关面点

适合制作发酵面团、油酥面团的品种。

七、思考题

1. 椒盐麻蓉馅选用哪些原料?

2. 椒盐如何制作?

肉松馅

一、原料

肉松300克、猪油200克、芝麻50克、白糖100克、香葱50克、盐少许

二、工艺流程

选料→刀工处理→拌制→馅心

三、制作步骤

1. 将肉松撕碎；香葱洗净切碎。

2. 将炒锅上火，放猪油、香葱末，用小火炸出香味、凉透成葱油。

3. 将芝麻炒香碾碎，与肉松、葱油、芝麻混合加入白糖、盐搅拌均匀即可。

四、操作要点

香葱需小火炸出香味。

五、风味特色

口味甜甜，葱香浓郁。

六、相关面点

适合制作油酥面团的品种。

七、思考题

1. 肉松馅选用哪些原料?

2. 葱油怎样制作?

甜咸馅

一、原料

白糖500克、猪油200克、熟面粉150克、火腿100克、盐10克

二、工艺流程

选料→刀工处理→拌制→馅心

三、制作步骤

1. 将火腿切成小颗粒备用。

2. 将白糖、熟面粉、盐混合均匀后，加入猪油搓擦均匀，再加入火腿粒拌匀即可。

四、操作要点

1. 应控制盐的用量，体现甜香微咸的口味。

2. 加入火腿粒以后不宜久擦，否则会使火腿粒碎。

五、风味特色

甜香微咸。

六、相关面点

适合制作油酥面团的品种。

七、思考题

1. 甜咸馅选用哪些原料?

2. 甜咸馅制作有何关键?

模块四 面点成熟实训

模块导读： 面点成熟，是指用各种方法将成形的生坯（也叫半成品）加热，使其在热量的作用下发生一系列的变化，成为色、香、味、型俱佳的熟制品。面点成熟是面点制作过程中最后一道工序。

模块目标：
1. 了解和掌握各种面点成熟方法。
2. 了解和掌握各种面点成熟工艺流程。
3. 掌握操作过程中的技术关键。
4. 以实例达到举一反三的效果。
5. 指出学生实践操作中易出现的问题。

模块思考：
1. 煮制法的概念及操作要领是什么？
2. 煮、煎、炸的概念及操作要领是什么？
3. 烘烤法的概念及操作要领是什么？
4. 蒸煮法和烘烤法的区别有哪些？
5. 烙制的种类及操作要领有哪些？

成熟，即用各种方法将成形的生坯（也叫半成品）加热，使其在热量的作用下发生一系列的变化（蛋白质的热变性，淀粉的糊化等），成为色、香、味、形俱佳的熟制品。

由于面点种类繁多，成熟方法也较多，主要有蒸、煮、炸、煎、烙、烤、炒等单加热法，以及为了适应特殊需要而使用的蒸煮后煎、炸、烤，或蒸煮后炒或烙后烩等综合加热法。绝大多数品种仍以单加热法为主。这是因为这种加热法有利于保证形态完整、馅心入味、内外成熟一致，较容易实现爽滑、松软、酥脆等不同的要求。具体采用哪种加热方法，需要根据制品所使用的原料和面团的性质、成品的规格而定。

一、成熟的意义

成熟一般是面点制作步骤中的最后一道工序。它是在半成品的基础上，通过加热使其成为熟食品的过程。

面点成熟的好坏，将直接影响面点的品质，如形态的变化、皮馅的品味、色泽的明暗、制品的起发等。所以面点加热成熟的过程，也是决定面点成品质量的关键所在。饮食行业的名言：“三分做，七分火”，就是这个道理。

二、成熟的作用

成熟的作用，是使面点由生变熟，成为容易被人体消化、吸收的食品。同时，成熟对面点的色泽、形态、口味等，也有重大影响。

1. 面点成熟后利于人体消化吸收

面点的成熟使蛋白质受热变性易被人体中的酶水解为氨基酸，淀粉的糊化使多糖水解为双糖或单糖，更有利于人体的消化和吸收。

2. 高温消毒有益健康

成熟的过程，即高温加热的过程，通过加热成熟可以起到对食品消毒杀菌的作用，更有利于人体的健康。

3. 加热成熟塑造面点形态

绝大部分面点均需经过加热成熟才能成为成品，而加热成熟的过程，往往使得面点的形态有所变化，特别是受热疏松起发的品种，对成熟的技艺要求更高。合适的加热方法和技术，可使成品的形态更自然、更饱满，更合乎要求。

4. 形成面点风味，保证制品质量

面点成品的色泽一方面由原料本身的颜色和辅料所决定，另一方面也取决于技艺的成熟度，如煎炸制品，油温的高低、煎炸时间的长短，将直接影响到成品的色泽和口感。高超的成熟技艺，可以做出色泽金黄、口感酥脆、令人食欲大增的成品。

无论何种面点，在和面、制皮、上馅、成形等过程中所形成的质量和特色，都必须通过成熟才能体现。

5. 丰富面点品种

面点多样性的因素很多，其中成熟方法是引起面点品种多样的一大因素。不同的成熟方法，形成不同的面点特色，也就形成了丰富多彩、口味各异的面点品种。

我国面点食品形态多、色泽美、口味好，具有浓厚的民族特色，除了调制面团，制馅和成形加工技术，多种多样的成熟方法和技巧，也是一个重要因素。所以成熟一直是面点制作的重要环节。

三、成熟的质量标准

面点成熟的质量标准，因不同的品种而异。但从总的方面来看，仍然是色、香、味、形4个内容。其中色与形是指面点的外观，香与味是指面点的内部质量。4个方面结合在一起就是衡量制品的质量标准。每一类具体品种不同，外观和内质的要求也有所不同。

1. 外观

大多数制品的外观，包括色泽和形体两个内容。色泽指食品的表面颜色和光泽。无论何种面点，成熟后都应达到规定的外观要求，如蒸制品，颜色要不欠、不花，光润均匀；酵面制品还要碱色正；炸、烤制品一般要达到金黄色，光泽鲜明，没有焦煳和灰白色。形体指制品表面的形态，其要求是形态符合制作要求，饱满、均匀、大小规格一致，花纹清楚，收口整齐，没有破皮、漏馅、斜歪等现象。

2. 内质

内质包括口味和内部组织两个指标。口味方面一般要求是香味正常、咸甜适当、滋味鲜醇。任何面点都不应有酸、苦、哈喇、过咸等怪味和其他不良口味。在内部组织方面，应符合规定要求，如爽滑细腻、松软酥脆等，不能有夹生、粘牙以及被污染等现象；包馅的品种、位置正确，切开后坯皮上、下、左、右厚薄均匀，并保持馅心应有的特色。

3. 重量

面点成熟后的重量，主要决定于生坯的分量准确。但在成熟中，有些制品吸收了水分（如蒸、煮制品），成熟后的重量大于生坯重量；有些制品则水分挥发（如烤、烙制品），熟品重量小于生坯重量。对容易失重的面点，在成熟时应掌握好火力大小和加热时间，避免失重过多，影响质量。

成熟的质量标准是建立在成熟过程中火力大小和加热时间（即火候适当）的基础上的，要根据不同的加热方法，正确掌握火候，达到成熟的质量标准。

学习目标 1. 掌握蒸煮的概念。
2. 掌握蒸煮的具体操作要求。
3. 掌握各种蒸煮典型面点的工艺流程及制作方法。
4. 通过面点实例的学习达到举一反三的效果。

- 任务驱动

1. 了解煮典型面点的工艺流程。
2. 掌握煮典型面点的制作方法。

- 知识链接

煮是把已成形的面点半成品投入沸水锅中，利用水温的对流传递热量，使生坯至熟的成熟方法。煮时要注意：

1. 煮锅内水量要多，汤要清

在煮制过程中，煮锅的水量应比制品量多出十倍以上，使生坯在动态中受热均匀，不会粘连，才能保持成品形态完美。在加热过程中注意汤水的情况，要经常换水，保持汤汁不浑浊。

2. 水沸后生坯下锅

由于在65℃以上淀粉才能吸水膨胀和糊化，蛋白质才能受热变性，所以，水沸后下锅，即可使脱落沉淀的淀粉减少，保持水质清而不浑，可使生坯成熟后皮质软滑而不粘牙。

3. 保持水锅“沸而不腾”

煮制时应适当控制火候，视水面的情况及时加热或加冷水，保证生坯在沸水锅中均匀受热，逐渐成熟，加热过程中，火力不宜过大，因为水滚得过厉害，会使生坯互相冲撞而破裂甚至坯皮脱落，从而影响制品形态和质量。所以，当煮制时遇到水过沸，要适当加入冷水调节水温，保持沸而不腾，将制品煮制成熟，才能达到制成品皮滑、馅爽、有汁的效果。

4. 适当搅动，防止粘底

煮制时适当搅动，可防止生坯受热糊化时粘底变焦。随着生坯的滚动，使制品受热均匀。

5. 掌握煮制时间，熟后及时起锅

应根据面点品种的不同，控制煮的时间。生坯生馅或生坯皮厚的面点煮制时间应长一点，保证制品的成熟度；而皮薄或熟馅的品种则应控制煮的时间，防止过熟而使面皮破裂脱落。力求根据不同的品种正确掌握煮制时间。

实例

鲜肉粽子

一、原料

糯米1000克、猪夹心肉400克、姜20克、葱30克、酱油200克、白酒20克、粗线20根、粽叶500克

二、工艺流程

浸泡糯米→烫制粽叶→馅心调制→生坯成形→制品成熟

三、制作步骤

1. 将糯米淘洗干净，再用水泡至糯米起酥，用手可以捏碎即可。

2. 猪肉切成20片，用刀拍一下，然后盛起用酱油、葱、姜、白酒拌匀待用。取粽叶2~3张，用剪刀整形，卷成圆锥状的空筒状，放入25克糯米，加入一片酱肉片，然后再放入20克糯米，将余下的粽叶部分从上面盖起，两边折起一个三角形的面，馅心适量再将多余的粽叶部分弯向粽体，接头向里折起一个底面是三角形的圆锥体，然后取粗线一根，将三角形的底面扎牢，不让粽叶松散露米，20只粽子逐只包起。

3. 把包好的粽子摆入锅内，放入冷水，浸没粽子，上大火烧开，煮约半个小时，然后再用小火焖一小时，即可成熟。

四、操作要点

1. 包粽子前，糯米、鲜肉要调味，粽叶要浸烫。

2. 煮粽子时，水要始终将粽子浸没。

五、风味特色

糯而有劲，肥而不腻，鲜香可口。

六、相关面点

蜜枣粽子，香肠粽子等。

七、思考题

1. 煮的时候加水量多少为好？

2. 粽子的成形过程是怎样的？

一、原料

面粉500克、鸡脯肉100克、水发海参150克、对虾仁200克、水发干贝100克、姜末5克、葱末5克、酱油25克、精盐8克、花椒面1克、味精5克、香油5克

二、工艺流程

馅心调制→面团调制→生坯成形→制品成熟

三、制作步骤

1. 先将鸡肉剁成蓉，加入酱油、花椒面、姜末拌匀，再把水发海参、对虾及水发干贝切成小丁，加入鸡蓉拌匀，最后，放入盐、味精、葱末、香油拌成馅待用。

2. 将面粉置于案上，开成窝状，加入冷水200克和好，调成面团。

3. 搓成长条，下成大小相等的剂子70只，按扁后，擀成中间稍厚、边缘略薄的圆皮，圆皮中心，打上馅心，包捏成饺子。

4. 煮锅中加水，烧沸后下入饺子，用手勺沿锅边不断推动，见饺子浮出水面，饺皮鼓起，用手指触之有皮馅分离的感觉时，即可捞出装盘。

四、操作要点

1. 面团要调制得硬实一些。

2. 剂子要小，皮要薄。

3、掌握好煮制的时间。

五、风味特色

皮薄馅嫩，滋味醇香。

六、相关面点

猪肉饺子，荠菜饺子等。

七、思考题

1. 煮饺子的时候加水量多少为好？

2. 三鲜水饺的馅心是怎么调制的？

任务2 | 蒸

● 任务驱动

1. 了解蒸典型面点的工艺流程。

2. 掌握蒸典型面点的制作方法。

- 知识链接

蒸是指将已成形的面点半成品放在蒸屉内利用蒸汽的热传导和压力使生坯成熟法。蒸时要注意：

1. 蒸锅内水量保持七八成满为佳

水蒸气的形成一方面靠火力的加热作用，另一方面也需要充足的水量。但水量不宜过多，否则水沸后会浸湿生坯，影响成品的质量。

2. 锅内的水质要清

水分受热沸腾形成蒸汽后向上蒸发，传热给生坯，使制品成熟，但如果水质浑浊或水面浮满油污，则会影响水蒸气的形成和向上的气压，所以，要注意水质，及时清除浮在水面的乳汁和油污等物质。

3. 必须水沸上笼，盖严笼盖

无论是蒸制包子，还是蒸制肉类烧卖，都必须在水沸后才能上笼加温，特别是蒸制膨松品种的面团，更应在水蒸气大量涌起时，才将生坯上笼加热。如果水未沸便上笼，那么到水烧沸，产生大量蒸汽还有一段时间，此时由于笼内温度不够高，会令生坯表面的蛋白质逐渐变性凝固，淀粉质受热糊化定形，抑制坯内空气膨胀的力度，影响制品的起发。如果是兑碱酵面还会出现跑碱的现象，产生酸味，所以，必须水沸上笼，盖严笼盖，才能够提高笼内温度，增大笼内气压，加快成熟速度，保证成品质量。

4. 掌握火力和成熟时间

面点有不同的花式品种，不同的体积大小，不同的成品质理，不同的口感风味，要求我们采用不同的火力和成熟时间进行加热，一般来说，蒸制面点都要求旺火足汽蒸制，中途不能断汽或减少汽量，更不可揭盖，以保证笼内温度、湿度和气压的稳定。火力和成熟时间应根据品种的不同要求而定，块大、体厚、组织严密的适宜加热时间长些；起发、膨松、体积较小的，宜旺火短时间加热。

5. 生化膨松面团制品要掌握好蒸制前的醒发时间

生化膨松面团制品成形后，一般适宜先醒发一段时间，使坯体内的微生物继续生长繁殖，产生二氧化碳气体，使生坯在加热前有一定的气体含量，这样蒸制后的成品才体积增大，品质有弹性，松发暄软。

实例

素菜蒸饺

一、原料

富强粉500克、温水120克、鲜肉蓉150克、姜末5克、葱末5克、酱油75克、精盐4克、黄酒20克、虾子3克、白糖30克、冷水100克、应季青菜300克

二、工艺流程

馅心调制→面团调制→生坯成形→制品成熟

三、制作步骤

1. 先将鲜肉蓉加入葱姜末、黄酒、酱油、盐、虾子搅拌入味，然后分两次加入清水100克，顺一个方向搅拌上劲；应季青菜焯水加入肉馅中，最后放入白糖和成馅待用。

2. 将富强粉置于案上，开成窝状，加入温水120克，和成温水面团，稍醒置一下。

3. 面团搓成长条，下成大小相等的剂子30只，按扁后，用双饺杆擀成9厘米直径、中间稍厚、边缘略薄的圆皮。左手托皮、右手用竹刮子刮入馅心，成一条枣核形，将皮子分成五五开，然后左手大拇指弯起，用指关节顶住皮子的一边，托住饺子生坯，再用右手的食指和拇指的中间将五成皮子边捏出叶子状，捏合成素菜饺子。

4. 生坯上笼，置旺火沸水锅上蒸约10分钟，视成品鼓起不粘手即可成熟。

四、操作要点

1. 面团要调制得硬实一些，成品才能挺立得住。

2. 剂子不宜过大，制作得要精巧细致。

五、风味特色

造型美观，皮薄馅嫩，口味鲜香。

六、相关面点

一品饺子，四喜饺子等。

七、思考题

1. 月牙蒸饺面团调制的原理是什么？

2. 月牙蒸饺的馅心是怎么调制的？

三丁包子

一、原料

面粉500克、温水250克、大酵面150克、猪肋条肉500克、熟鸡肉100克、熟鲜笋100克、姜末5克、葱末5克、酱油75克、精盐8克、虾子5克、白糖50克、熟猪油100克、湿淀粉20克、食碱液5克

二、工艺流程

馅心调制→面团调制→生坯成形→制品成熟

三、制作步骤

1. 将猪肋条肉洗净焯水，放入锅内，加清水淹没猪肋条肉，放入葱、姜，将肉煮至七成熟，竹筷能轻轻戳进时，捞出晾凉，切成0.7厘米的肉丁；将熟鸡肉切成0.8厘米见方的鸡丁；将熟笋切成0.5厘米见方的笋丁，炒锅上火，放入熟猪油，放入葱姜末煸香，放入三丁煸炒，再放入酱油、白糖、虾子、盐，加入适量的鸡汤或肉汤，用大火煮沸，用中火煮至上色、入味，再用大火加湿淀粉勾薄芡，上下翻动，使三丁充分吸进卤汁，晾凉备用。

2. 将面粉置于案上，开成窝状，放入大酵面，再加入温水250克，和成温水面团，用干净湿布盖好。

3. 待面发好后，加碱水揉至无黄色斑点，再用湿布盖上稍醒一会，然后搓成长条，下成大小相等的剂子12只，用手掌拍成10厘米直径、中间稍厚，边缘略薄的圆皮。左手托皮、掌心略凹，右手用竹刮子刮入馅心，馅心在皮子正中。左手将包皮托于胸前，右手拇指与食指自右向左依次捏出32个皱褶，用右手的中指捏拢，拇指与食指略微向外拉一拉，使包子最后形成颈项，如鲫鱼嘴。

4. 生坯上笼，置旺火沸水锅上蒸约10分钟，视成品鼓起不粘手即可成熟。

四、操作要点

1. 面团的用减量应根据面团的发酵程度正确应用。

2. 三丁馅制作时应注意鸡丁大于肉丁，肉丁大于笋丁。

五、风味特色

馅心软硬相宜，口感软中有脆，口味鲜咸中有甜，油而不腻。

六、相关面点

生肉包子，蟹黄包子等。

七、思考题

1. 如何判断加碱量是否合适？

2. 三丁包子的馅心是怎么调制的？

项目二 煎、炸

学习目标

1. 掌握煎、炸的概念。
2. 掌握煎、炸的具体操作要求。
3. 掌握各种煎、炸的典型面点品种的工艺流程及制作方法。
4. 通过面点实例的学习达到举一反三的效果。

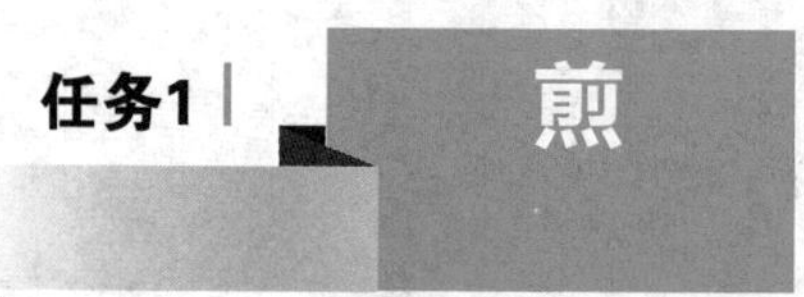

任务1 煎

- 任务驱动

1. 了解煎典型面点的工艺流程。
2. 掌握煎典型面点的制作方法。

- 知识链接

煎是指投入少量的油在锅中，利用金属传导，热油为媒介进行加热，使生坯成熟的方法。煎时要注意：

1. 火力合适生坯受热均匀

煎制时，为使生坯受热均匀，要经常移动锅位或移动生坯位置，防止着色不匀或发黑，还要掌握好翻坯的时机，必须在贴锅底皮金黄色时翻坯，过早和过迟均会影响制品的质量。

2. 排放生坯入锅要合理

一般情况下，煎锅受热的焦点是锅的中部，锅烧热后煎锅中部的油温必然比四周的锅边高。因此，排放生坯入锅较好的方法是从四周向中心排列，从低温到高温，使生坯因时间上的差异而达到受热均匀。否则，中间先放生坯则会出现中间的制品过早煎焦，而四周的生坯尚未上色的现象，影响成品质量。

3. 煎制时油量要适宜

煎制时锅底抹油不宜过多，以薄薄的一层为宜。个别品种属于半煎半炸的方法，用油量也不宜超过生坯厚度的一半，否则制品水分挥发过多，失去煎制品的特色。

4. 水油煎一般需要加盖，并掌握加水量

采用水油煎法时，加水量及次数要根据制品成熟的难易程度而定。由于煎制过程中多次加水，通过加盖锅盖使水蒸发为水蒸气，保证蒸汽的效率能充分发挥，将制品焖熟，并且每加一次水都要盖上锅盖，确保成品成熟，防止出现夹生现象。

实例

葱肉锅贴

一、原料

富强粉500克、沸水200克、冷水50克、猪夹心肉700克、姜末20克、葱末150克、酱油100克、精盐8克、黄酒30克、味精5克、白糖50克、冷水150克

二、工艺流程

馅心调制→面团调制→生坯成形→制品成熟

三、制作步骤

1. 先将猪肉剁成肉泥加入姜末、黄酒、酱油、盐搅拌入味，再分两次加入清水150克，顺一个方向搅拌上劲后放入白糖、味精、葱末和成馅待用。

2. 将富强粉置于案上，开成窝状，加入沸水200克，和成热水面团，加冷水揉匀揉透，摊开冷却。

3. 随后揉合搓成长条，摘成50只剂子。逐只按扁后用双饺杆擀成直径8厘米的圆皮，放上馅心，包成饺子形。

4. 将平锅上火，烧热后放入色拉油滑锅，锅离火，将锅贴生坯自外向里排好，再放入少量色拉油，将锅盖好点上火。煎至饺子底呈金黄色，再倒入冷水，待水烧干时，再加少许冷水，煎5分钟左右，再淋上色拉油，待葱肉贴表皮光亮、香味四溢时出锅装盘。

四、操作要点

1. 平底锅要洗净烘干。
2. 煎制过程要分次加水。

五、风味特色

色泽金黄，底脆里嫩，馅鲜卤多，葱味香浓。

六、相关面点

锅贴，薄饼等。

七、思考题

1. 热水面团调制时的操作要点有哪些？
2. 怎样掌握水油煎的操作方法？

生煎包子

一、原料

面粉500克、温水250克、大酵面150克、猪前夹心肉350克、葱末50克、姜酒汁5克、精盐7克、虾子2克、白糖30克、酱油75克、清水150克、香油150克、食碱液5克

二、工艺流程

馅心调制→面团调制→生坯成形→制品成熟

三、制作步骤

1. 将猪前夹心肉洗净剁细，放入酱油、盐、白糖、虾子、姜酒汁搅拌入味，然后分三次加入清水，顺一个方向搅拌上劲，倒入葱末拌匀成馅。

2. 将面粉置于案上，开成窝状，放入大酵面，再加入温水250克，和成温水面团，用干净湿布盖好。

3. 待面发好后，加碱水揉至无黄色斑点，再用湿布盖上稍醒一会儿，然后搓成长条，下成大小相等的剂子20只，用枣核形的饺杆两根，将小面剂擀成中间厚、四周薄的圆皮。左手托皮、掌心略凹，右手用竹刮子刮入馅心，馅心在皮子正中。左手将包子皮托于胸前，右手拇指与食指自右向左依次捏出32个皱褶，用右手的中指捏拢，拇指与食指略微向外拉一拉，使包子最后形成颈项，如鲫鱼嘴。

4. 取平底锅一只，置于火上，烧热，将包子生坯放入锅内，整齐码好，放入少量的清水，倒入少量香油，盖上锅盖，用中火煎至锅内有水气爆炸声，闻有葱香味，即可开锅，浇上香油，用平铲铲出一个，见包底呈现出金黄色，即为符合标准。

四、操作要点

1. 面团的用碱量应根据面团的发酵程度正确应用。

2. 包捏成形时，右手中指应与拇指、食指配合，抵出包子的“嘴边”。

3. 煎制时要分次掺水。

五、风味特色

馅心卤汁浓鲜，皮子香脆可口。

六、相关面点

生肉包子，蟹黄包子等。

七、思考题

1. 如何判断加碱量是否合适？

2. 生煎包子的成形过程是怎样的？

任务2 炸

● 任务驱动

1. 了解炸典型面点的工艺流程。

2. 掌握炸典型面点的制作方法。

● 知识链接

炸是将制作成形的生坯，放入一定温度的油脂中，利用油脂传热使面点至熟的成熟方法。炸时要注意。

1. 注意油质清洁

油质不洁，会影响热导或污染制品，使制品不易成熟和色泽变差。如使用植物油要先烧熟，才能用于炸制，否则会带有生油味，影响:制品风味质量，还会产生大量的泡沫，使热油溢出锅外，发生火灾或造成人身安全事故。在冬季，要避免使用动物油脂，以免制品冷却后光泽变差。反复使用的油脂，颜色加深，黏度增大，会影响成品的色泽和质理，要视其清洁程度及时更换新油。

2. 正确掌握油温

油温的高低是决定面点形态、色泽的重要因素。一般情况下，油温低，炸制的成品质地软绵塌架，含油、色浅、光泽度差，起发程度不理想，有个别品种还会松散不成形；油温高，炸制的成品色泽易黑，外焦内不熟，并且会产生如二聚甘油酯、三聚甘油酯和烃等对人体危害较大的毒性物质，危害人体健康。

3. 控制炸制时间

为了保证炸制成品的质理，在炸制工艺中，必须根据面点的大小、厚薄、质量要求来控制炸制时间。时间过长，则制品颜色过深，易焦黑，并且水分挥发过多，制品会质硬而实；时间过短，制品不起酥或未熟，且色泽暗光泽度差。所以对不同的品种，要有不同的处理方法。灵活运用炸制时间，力求炸出色、香、味、形均佳的成品。

4. 掌握好炸制时油和生坯的比例

一般情况下用5：1的比例为宜，但也应根据制品的起发强弱和成熟时间而定。起发力大的品种，数量可适当减少；成熟时间短而外形变化又不大的品种，可略增大生坯的投入量。

5. 起蜂巢状的制品成形前应试炸制

在炸制的面点中，较难掌握油温的是一些要求起蜂巢的品种，如荔秋芋角、莲子蓉角、蛋黄角等。由于其原料的质理，油脂的多少和油温的高低会直接影响其形态的形成。所以在炸制这类品种时均应在包馅成形前进行试炸，掌握油脂的使用量后才可用于大量生产。

实例

一、原料

面粉450克、冷熟猪油170克、温水100克、果料（如花生、芝麻）300克、糖猪板油100克、白糖100克、色拉油2千克、鸡蛋1只

二、工艺流程

馅心调制→面团调制→生坯成形→制品成熟

三、制作步骤

1. 将果料去核切成小丁，与切碎的糖板油丁、

白糖搅拌成馅，捏成20只小团。

2. 取面粉200克、冷熟猪油120克，擦成干油酥。另取面粉200克、加温水100克、冷熟猪油50克，揉成水油酥。留下的50克做干粉用。

3. 将水油酥面团搓成团，按扁，包进干油酥，捏紧，收口朝上，撒上少许干粉，按扁，用面杖擀成长方形的薄皮，然后将长方形薄皮由两边向中间叠成三层，叠成小长方形，再将小长方形擀成大长方形，顺长边由外向里卷起，卷成筒状，卷紧后搓成长条，摘成20只剂子。将每只剂子按扁，包入馅心，然后将收口捏紧朝下放，制成圆饼状，在每只饼的正反面刷上蛋液，再撒上芝麻，成双麻酥饼生坯。

4. 油锅上火，放入色拉油，当油温至三四成热时，放入双麻酥饼生坯。在小火上炸5 ~7分钟，视生坯在油锅内冒大气泡、开始膨大时，将油锅移至中火，将油温控制五成热。待成品全部膨松浮起，内无含油，即为成熟，捞出。

四、操作要点

1. 调制干油酥、水油酥时的用料比例要适当，包酥时的比例要适当。

2. 控制好炸油的温度。

五、风味特色

色白醇香，酥层清晰，造型美观。

六、相关面点

萝卜丝酥饼，盘丝饼等。

七、思考题

1. 包酥的要点有哪些？

2. 怎样掌握炸制时的操作要点？

三角酥

一、原料

面粉450克、冷熟猪油170克、温水100克、硬枣泥馅300克、色拉油2千克、鸡蛋1只

二、工艺流程

面团调制→生坯成形→制品成熟

三、制作步骤

1. 取面粉200克，冷熟猪油120克，擦成干油酥。另取面粉200克，加温水100毫升、冷熟猪油50克，揉成水油酥。留下的50克做干粉用。

2. 生坯成形。将水油酥面团和干油酥摘成4等份，一份水油酥包入半份干油酥中，收口捏拢向上，按扁，擀成长方形，横叠3层，再擀成长方形。将一边修齐，由外向里卷成圆筒状，收边处涂上蛋液粘起。取快刀将圆筒切成5段，共切成20段。把每段刀切面向两侧按扁擀平，用圆模子将酥皮刻成圆形酥皮，将酥皮四周涂上蛋液，中间放上馅心，将四周向中心拢起，成突出的三个角，用剪刀把3条边的表面修平，露出酥层，在每条边上剪出3根条子，在每条边上的第1根条和第2根条的顶端粘上蛋液粘在酥体的下面，将每条边上的第3根条向上卷起，顶端粘上蛋液，用骨针按在三角的中心，组成三环形，中间按一凹塘。最后，将三条边下边三只角的尖端剪去，使角的酥层外漏。

3. 生坯成熟。油锅上火，放入熟猪油，当油温至三四成热时，放入三角酥，待酥层放开，浮上油面，再用铁勺舀油将中心酥层浇匀，即为成熟，捞出。

四、操作要点

1. 调制干油酥、水油酥时的用料比例要适当，包酥时的比例要适当。

2. 控制好炸油的温度。

五、风味特色

入口醇香，滋味甜美。

六、相关面点

萝卜丝酥饼，盘丝饼等。

七、思考题

1. 包酥的要点有哪些？

2. 怎样掌握炸制时的操作要点？

项目三 烤、烙、炒

学习目标
1. 掌握烤、烙、炒的概念。
2. 掌握烤、烙、炒的具体操作要求。
3. 掌握各种烤、烙、炒的典型面点品种的工艺流程及制作方法。
4. 通过面点实例的学习达到举一反三的效果。

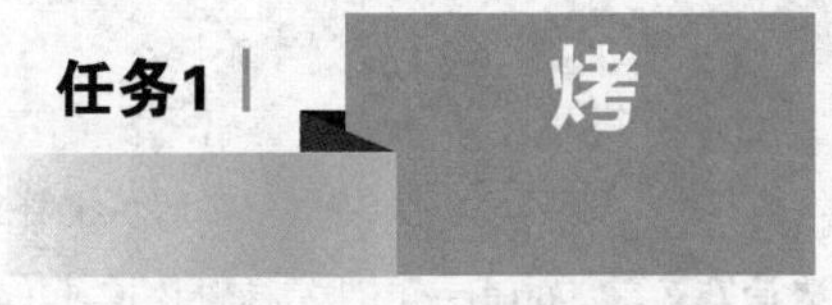

任务1 烤

- **任务驱动**

1. 了解烤典型面点的工艺流程。
2. 掌握烤典型面点的制作方法。

- **知识链接**

烤又叫烘、炕，是指把制作成形的生坯放入烤炉内，通过加热过程中的辐射、对流、传导三方面的作用，使半成品定形、上色、成熟。烤时要注意：

1. 生坯摆放间距适中

生坯的摆放应有一定的间隔距离，要留出制品加热胀后所需要的空间，以免互相粘连，防止摆放过密或过疏而影响制品底面的着色。如摆放过疏，热量过于集中生坯上，会使制品底部焦煳；摆放过密，又会令生坯受热减少，着色不匀和成熟时间加长。

2. 烤盘底抹油

对含油量少或含糖量多的制品来说，烤盘一定要抹上一层薄油，以免粘底，影响制品的起发和成形。但抹油量不可过多，否则会使制品的底色过深。

3. 生坯入炉前涂蛋液着色

多数酥饼类面点，在入烤炉加温前，均需涂上一层蛋液，使制品更容易着色。但蛋液不可过厚，否则会使制品的底色过深。

4. 调节炉温，正确烘烤

面点的烘烤，基本上都采用“先高后低”的高节方法，即刚入炉时，炉温要高些，待制品微上色和略定形后，降低炉温，使热量慢慢渗入制品内部，达到内外一致成熟的目的。在烘制时，更要掌握不同品种的温度需要，如烤月饼，需用230℃左右的炉温烤制；如烤制核桃酥时就不能用旺火，否则饼的形态不好，松脆度差。通常面点烘烤的炉温在200~230℃。

5. 掌握烘烤时间

烘烤的时间要根据坯体的大小、厚薄及要求灵活掌握。一般来说，薄而小的制品，烘烤时间短；厚而大的制品，烘烤时间稍长。酥松、酥脆的制品需将水分挥发，烘烤时间应长些；柔软的制品的烘烤时间应短些。总之，要视制品的要求而定。

实例

一、原料

面粉226克、糖135克、猪油75克、水60克、色拉油20克、椰蓉15克、白芝麻10克、糕粉100克、温水40克、冬瓜250克

二、工艺流程

面团调制→馅心调制→生坯成形→制品成熟

三、制作步骤

1. 面粉126克，糖10克，油25克，水60克混合和成光滑的水油面团，用保鲜膜包好常温醒1小时。面粉100克，油50克混合成干油酥面团，同样也醒1小时。

2. 冬瓜蓉(冬瓜250克，糖50克)做法：250克冬瓜用搅拌机打成蓉，加50克白糖，小火煮约15分钟，至冬瓜水分挥发干即可，晾凉备用。

3. 做馅(糖75克，色拉油20克，椰蓉15克，白芝麻10克，糕粉100克，温水40克)，将色拉油和白糖加一半的水搅拌至糖熔化，然后加入椰蓉和芝麻，糕粉边搅拌边加入，根据干湿情况再加剩下的一半水。用筷子拌匀后，再加入晾凉的冬瓜蓉。

4. 将醒好的水油面团和干油酥分成小剂子，水油面团约30克/个，干油酥约20克/个。水油酥包干油酥，压扁，擀长，再从一端卷起成卷，然后压平两端各向中间叠起，再按扁，略擀大，包入馅，封口朝下，在按成饼状。

5. 烤箱预热至170~180℃，烤盘铺上油纸或油布，将饼坯放入烤盘，在饼坯表面刷一层蛋黄液，再撒些芝麻，用刀在饼上划两道口子防止烤的时候起鼓，放入烤箱中烤约20分钟成金黄色，即成。

四、操作要点

1. 调制干油酥，水油酥时的用料比例要适当，包酥时的比例要适当。

2. 掌握好烘烤的温度和时间。

五、风味特色

色泽金黄，酥松香甜。

六、相关面点

珍珠果，三角酥等。

七、思考题

1. 包酥的要点有哪些?

2. 怎样掌握烘烤时的温度及时间?

桃酥

一、原料

面粉125克，熟猪油60克，鸡蛋液适量，绵白糖75克，小苏打3.5克，臭粉1.5克，奶油、香精少许，麻仁30克

二、工艺流程

面团调制→生坯成形→制品成熟

三、制作步骤

1. 将面粉放在案板上，中间扒一塘，放入熟猪油、鸡蛋液、绵白糖、小苏打、臭粉、奶油、香精，先拌匀后再与面粉采用折叠法调成面团。

2. 将面团摘成剂子，搓圆后用手指捏成碗状，放入刷油的烤盘，中间撒麻仁。

3. 用150℃炉温烤10～15分钟成金黄色，即可。

四、操作要点

1. 用料比例要适当。

2. 采用折叠法调制面团。

3. 掌握好烘烤的温度和时间。

五、风味特色

色泽金黄，裂纹自然，酥松香甜。

六、相关面点

花生酥，杏仁香酥饼等。

七、思考题

1. 调制面团采用什么手法?

2. 怎样掌握烘烤时的温度及时间?

任务2 烙

● 任务驱动

1. 了解烙典型面点的工艺流程。

2. 掌握烙典型面点的制作方法。

● 知识链接

烙，就是把成形的生坯直接放在金属锅内或架在火上由金属直接传导热量，使制品成熟的方法。烙时要注意：

1. 烙锅必须干净

无论采用哪种烙制方法，都必须将锅洗刷干净，它直接影响到成品色泽和质量。

2. 火力要均匀

烙制面点采用电炉或煤气炉较好，因其炉火均匀，锅的四周与中心温度相近，烙制面点的色泽一致。如炉火不均匀，需经常移动制品位置和移动锅位，并要勤翻动制品，使其两面受热均匀，成熟一致。

3. 选用优质油

烙油宜选用熟的清洁油，若油质不够清洁，则油内的杂质会影响制品的成熟和外表色泽；油生，则会有异味。

4. 加水烙要掌握加水方法

加水烙是在干烙的基础上加水，但加水时要先加在金属锅温度最高的地方使水气化，产生蒸汽，并迅速加盖。一次加水不可过多，否则蒸汽生成受影响，制成品色泽变差。

实例

一、原料

富强粉500克、沸水240克

二、工艺流程

面团调制→生坯成形→制品成熟

三、制作步骤

1. 将面粉置于案上，用沸水将面粉和成热水面团。反复揉搓将面团搓长，摘成60只剂子，并将小剂子擀成小圆薄饼，注意不能有孔，否则烤时会漏气。

2. 把薄饼放在平锅里烙，不等颜色全变，就翻身另一面，两面都烙过后置于炉上直接用火烤。炉上放火钳，薄饼置于火钳上，悬空烘烤，这时饼内会产生气体，当气体在饼内膨胀如圆鼓状时，立即用筷子拦腰一夹，使之定形，形成空心，故名“空心饽饽”。

四、操作要点

1. 面团要揉软一些。

2. 烙制时火力不宜大，两面稍烙后放上火钳烘烤至圆鼓状。

五、风味特色

皮薄中空，色白干香。

六、相关面点

空心烙饼等。

七、思考题

1. 热水面团调制时的要点有哪些？

2. 烙制时的注意事项是什么？

一、原料

面粉250克、白糖160克、温水150克、莲子100克、熟猪油40克、干酵母4克、泡打粉5克、吉士粉30克

二、工艺流程

面团调制→馅心调制→生坯成形→制品成熟

三、制作步骤

1. 将面粉置于案板上，中间扒一塘，放入

100克白糖、干酵母、泡打粉、吉士粉、温水调成团，揉匀揉透，醒置15分钟。

2. 将莲子煮烂后擦成泥，与60克白糖、熟猪油熬成馅心。

3. 将面团搓条下剂，取1只剂子按扁后包上馅心，再按成圆饼形。

4. 平底锅洗净烧干，放入生坯，小火干烙，烙一会儿后，翻一次身，再烙，再翻，如此反复几次，直至两面金黄、四周不粘手即可。

四、操作要点

1. 用料比例要适当。

2. 烙制时用小火加热。

五、风味特色

色泽金黄，外酥脆，内松软，绵甜甘香。

六、相关面点

扬州饼等。

七、思考题

1. 烙制时的操作要点有哪些？

2. 此饼的特点是什么？

任务3 炒

● 任务驱动

1. 了解炒典型面点的工艺流程。

2. 掌握炒典型面点的制作方法。

● 知识链接

炒是将生坯制品先进行初加工，再经炒制成熟的一种热法。这类方法炒制时还经常配以辅料，再经调味而成。炒时要注意：

1. 火旺速成，火力均匀

旺火加热，能使炒锅中的原料迅速受热成熟，可减少营养素的流失，也可使制成品色彩鲜明，品质嫩滑可口，形态馅满。

2. 勤于翻动，避免粘底变焦

由于炒时一般火候较旺，所以，炒制时应多翻动原料，使其受热均匀，并避免粘底变焦。

3. 掌握成熟度

炒的特点是高温、短时间，因此，炒的速度较快，必须在成熟的过程中，准确地掌握火候，才能炒出优质的制品。

实例

扬州炒饭

一、原料

大米饭750克，瘦猪肉50克，熟金华火腿50克，水发海参50克，罐头冬笋25克，水发香菇10克，罐头，青豆25克，鸡蛋3个，熟鸡脯肉50克，色拉油75克，葱白、酱油、黄酒、盐、味精适量

二、工艺流程

初加工→制品成熟

三、制作步骤

1. 将猪肉剁成末；火腿、海参、香菇、冬笋（削去老皮）、鸡脯肉切成石榴子大小的粒；葱白切豆瓣状；把鸡蛋磕入碗内打散待用。

2. 锅内加入色拉油25克烧热，倒入鸡蛋液，炒熟搅碎，倒出。在锅内放入色拉油50克烧热，投入葱花和肉末炒一分钟，加入酱油、黄酒再煸炒几下，放入海参、冬笋、香菇、青豆和熟鸡脯肉，继续炒几下，倒入米饭和炒好的鸡蛋，再放入精盐、味精炒热，盛入大盘内即成。

四、操作要点

1. 讲究煮饭，要求颗粒分明，入口软糯。

2. 炒好的饭，要入味，米饭不软也不硬。

五、风味特色

颗粒分明，油光闪亮，入口软糯，香味扑鼻。

六、相关面点

其他炒饭等。

七、思考题

1. 炒饭的辅料有哪些？

2. 炒饭炒制时的操作要点有哪些？

云梦炒鱼面

一、原料

鲜鲤鱼3000克，精面粉2200克，纯碱25克，淀粉2700克，精盐、香油适量，猪里脊肉500克，水发木耳10克，葱白25克，淀粉15克，白醋5克，味精少许，酱油15克，精盐3克，熟猪油100克，胡椒粉2克

二、工艺流程

初加工→制品成熟

三、制作步骤

1. 将鲜鲤鱼3000克宰杀，洗净刮肉剁蓉，加盐、加水稀释搅匀。精面粉2200克加水和匀和鱼蓉混合，再加纯碱25克、淀粉2700克一起揣揉均匀。再将鱼蓉面团制成20个面坨，擀成圆皮，一张张入笼蒸3分钟，取出晾凉，刷上香油，卷成筒，切成面条晾干。

2. 将鱼面入沸水浸泡3分钟，涨发捞起，再放在清水中浸泡一下，取出晾干。猪肉切成细丝，加盐1克，淀粉上浆。

3. 炒锅置旺火上，下猪油烧至150℃，下肉丝炒至断生，再放入鱼面、木耳、葱白、精盐、酱油、醋、味精合炒，约炒2分钟起锅，撒上胡椒粉即成。

四、操作要点

1. 肉丝上浆应搅拌上浆。

2. 炒制鱼面的时候应旺火快速烹调。鱼面可炒，也可炸、煮。

五、风味特色

面白、质软，有韧性，味以咸鲜为主，略带酸辣。

六、相关面点

炒饭，炒面等。

七、思考题

1. 鱼面的制作方法是什么？

2. 鱼面炒制时的操作要点有哪些？

项目四 复合加热

学习目标 1. 掌握复合加热的概念。
2. 掌握复合加热的具体操作要求。
3. 掌握各种复合加热的典型面点品种的工艺流程及制作方法。
4. 通过面点实例的学习达到举一反三的效果。

任务驱动

1. 了解复合加热典型面点的工艺流程。
2. 掌握复合加热典型面点的制作方法。

知识链接

复合加热是指面点生坯变成熟食是由两种或两种以上的加热方法来完成的熟制工艺。

实例

玉米豆沙饼

一、原料

细玉米粉250克、面粉50克、黄豆粉25克、白糖38克、鸡蛋1只、奶粉25克、泡打粉2.5克、干酵母2.5克、豆沙馅200克、腰果50克、夏果50克、松子仁50克、花生仁100克、白芝麻50克、鸡蛋1只、色拉油2千克

二、工艺流程

馅心调制→面团调制→生坯成形→制品成熟

三、制作步骤

1. 将夏果50克、腰果50克、花生仁100克、松子仁50克焐油；芝麻仁炒熟，分别压碎后与豆沙馅拌成馅心。

2. 在玉米粉中加入白糖、奶粉，用沸水烫匀，再加入黄豆粉、面粉、鸡蛋、干酵母、泡打粉揉成面团醒置。

3. 将面团搓条，下剂，包上馅心搓成球形，稍醒。

4. 将生坯上笼足汽蒸熟；粘上蛋液、外表滚沾生腰果粒、花生粒，入四成热油锅中炸至金黄色即可。

四、操作要点

1. 调制面团时，必须在沸水烫粉后再加入干酵母、泡打粉。

2. 入锅炸制时，不可搅动。

3. 干酵母、泡打粉的用量要根据气温调整。

五、风味特色

色泽金黄，松软甜糯，香甜可口。

六、相关面点

黄金大饼等。

七、思考题

1. 调制面团时的操作要点是什么？

2. 炸制时的操作要点是什么？

乾州锅盔

一、原料

精粉9500克、酵面500克、碱面50克

二、工艺流程

面团调制→生坯成形→制品成熟

三、制作步骤

1. 将精粉9500克、酵面和溶化的碱水放入盆内，加清水4000克和成面团，放在案板上用木杠边压边折，并不断地分次加入精粉，反复排压，面光、色润、酵面均匀时即可。

2. 将面团平分成10个剂子，逐块用木杠转压，制成直径26厘米、厚约2厘米的菊花形圆饼坯。

3. 将三扇鏊用木炭火炭烧热，把饼坯放于鏊上，此时火候要小而稳，使饼坯进一步发酵和定形，更主要的是使饼坯的波浪花纹部分上色。然后将饼坯放入中鏊烘烤，5~6分钟后，取出放另一平鏊上，用小火烙烤，要勤翻、勤转、勤看，做到“三翻六转”。烙烤至颜色均匀、皮面微鼓时即熟。

四、操作要点

1. 和面时要根据季节不同掌握好酵面、碱面的用量。冬季酵面为500克，碱面为50克；夏季酵面为250克，碱面为25克；春、秋季酵面为350克，碱面为35克。

2. 压面时，每次撒面不宜过多，应分多次撒入，并要压匀、压光。

3. 木杠转压时用力要均匀，保证饼坯花纹一致。

4. 烙制时注意温度，如果温度过高，易造成外焦里不熟，影响成品质量。

五、风味特色

香浓可口，边薄中厚，表面膨起，层次分明，形状似菊花。

六、相关面点

铁锅烙饼等。

七、思考题

1. 调制面团时的操作要点有哪些？

2. 烙制时的操作要点有哪些？

3. 压面时应注意什么？

模块五

各类面团面点实训

模块导读： 面团调制是面点制作的重要环节。面点制品中的大部分品种都有面团调制的程序，面团调制质量的好坏，对面点色、香、味、形有着直接的影响。面团调制除了原料本身特性、成熟作用外，还是实现成品质地的重要因素。通过面团调制可改变原料的物理性质，以适应面点制作的需要。面点制作中需要多种原料，通过面团调制，使各种原料充分混合，才能发挥原料在面点制作中应起到的作用。由于面团调制的原料、调制方法不同，形成了各种不同特性的面团，丰富了面点品种。

模块目标：

1. 了解和掌握各种面点制作方法。
2. 了解和掌握各种面点的工艺流程。
3. 掌握操作过程中的技术关键。
4. 以实例达到举一反三的效果。
5. 指出学生实践操作中易出现的问题。

模块思考：

1. 什么是面团？
2. 面团具有什么作用？
3. 面团是如何分类的？

项目一 水调面团

学习目标 1. 掌握水调面团的概念。
2. 掌握水调面团的成团原理及分类。
3. 掌握各种面团的特性、调制技术及运用。
4. 掌握各种面团在操作过程中的技术关键。
5. 以实例达到举一反三的效果。
6. 指出学生实践操作中易出现的问题。

水调面团，指面粉掺水（有些加入少量填料如盐、碱等）所调制的面团。这种面团具有组织严密、质地坚实、内无蜂窝孔洞、体积不膨胀的特点，故又称为“死面”、“呆面”，但富有劲性、韧性和可塑性。熟制后，爽滑筋道（有咬劲），具有弹性而不疏松。

调制面团的水温不同，面粉中的淀粉、蛋白质会发生不同的变化，所以用不同水温调制的面团具有不同的性质。水调面团根据水温的不同分为冷水面团、温水面团和热水面团三种。

冷水面团，之所以成团，并且质地硬实、筋力足、韧性强、拉力大，就是因为在调制面团的过程中用的是冷水，水温不能引起蛋白质的热变性和淀粉的糊化，蛋白质与水结合成团。所以，冷水面团的形成，主要是蛋白质起作用，故能形成致密的面筋网络，把其他物质紧紧包住，具有硬实、劲力大的特点。熟制品色白，吃口爽滑、筋道。

热水面团与冷水面团相反，由于用的是水温60℃以上的热水，水温既能使蛋白质变性又能使淀粉膨胀和糊化，蛋白质大量吸水并和水溶合，成为面团。同时，淀粉糊化后黏度增强，因而，热水面团就变得黏、柔、糯，并略带甜味（淀粉糊化分解为低聚粉和单糖）。加上蛋白质热变性，使面筋胶体被破坏，无法形成面筋网络，这又形成了热水面团筋力、韧性差的特点。

温水面团掺入的水的水温与蛋白质热变性和淀粉膨胀糊化温度接近。因此它的成团，淀粉和蛋白质都在起作用，但其既不像冷水面团又不像热水面团，而是在两者之间。

任务1 冷水面团

任务驱动

1. 了解冷水面团的成团原理。
2. 掌握冷水面团的调制方法。
3. 结合实例理解冷水面团的操作要点。

知识链接

冷水面团是指用30℃以下的冷水调制的面团。有的品种还需要加盐、碱等。常用于面条、水饺、馄饨、拉面、刀削面等制品的制作。

冷水面团的调制方法：将面粉倒在案板上（或面缸里），开窝，加入适量冷水，用手先将四周的面粉由里向外调和搅拌，形成雪花状，再洒上少许水，用力揉成光滑有筋性有面团，盖上干净的湿布醒面。

冷水面团的调制要领主要有：

（1）正确掌握掺水量，根据不同品种要求、面粉质量、温度、空气湿度等灵活掌握。

（2）严格控制水温，水温必须低于30℃才能保证冷水面团的特性，冬季调制冷水面团可用低于30℃的微温水，夏季调制时可加入适量的盐来达到冷水面团的要求。

（3）采用合适的方法调制，面团要使劲揉搓。首先，要分次掺水，一方面便于操作，另一方面可根据第一次吸水情况掌握第二次的加水量。一般第一次掺水70%~80%，第二次加入20%~30%，第三次适当沾水便于面团揉光。其次，需要使劲揉搓，致密的面筋网络的形成需要借助外力的作用。揉得越透，面筋吸水越充分，面团的筋性越强，面团的色泽越白，延伸性越好。

（4）适当醒面，就是将揉好的面团盖上湿布静置一段时间，目的是使面团中未吸足水的粉粒有一个充分吸水的时间。这样面团就不会有白粉粒，还能使没有伸展的面筋进一步得到伸展，面筋得到松弛，延伸性增大，使面团更滋润、柔软、光滑，富有弹性。一般醒面需要15分钟左右。

实例

一、原料

面粉500克、冷水350克、猪夹心肉250克、白糖10克、酱油25克、精盐5克、葱姜末各50克、味精4克、香油5克

二、工艺流程

和面→揉面→醒面→下剂→制皮→制馅→

上馅→成形→成熟

三、制作步骤

1. 夹心肉洗净，搅成肉馅，放入盆内，加入酱油、盐、水、白糖、味精、姜末调匀后，加入水100克，搅打上劲后，加入葱末、香油拌匀成馅。

2. 面粉在案上，在中间开一个小窝，加入200克水调成面团，揉匀揉透。面团静止一段时间后，搓成直径约1.5厘米的长条，揪成60个剂子，用手按扁，擀成中间稍厚、边缘略薄的面皮，左手托皮子。右手挑起10克左右的馅心，放在面皮中间，左手拇指将放好馅心的面皮挑起，右手拇指与食指将皮子边缘对齐捏紧，呈半圆形的饺子生坯。

3. 锅内加入水烧开，放入饺子生坯，用手勺背轻轻推动，以免饺子生坯粘贴锅底，待饺子浮起，再加入2 ~3次少量冷水，保持锅内水呈沸而不腾的状态，待饺子皮与馅心松离即熟。

四、操作要点

1. 正确掌握掺水量，控制水温，冬季可以用30℃左右的温水。

2. 制馅时，加水要边加边搅，以保证馅心黏稠，不出水，不要一次将水全部加入。

3. 皮子要薄厚均匀，包捏时要边窄、肚圆。

4. 煮制时要火候适当，保持水面沸而不腾。

五、风味特色

皮薄爽滑筋道，馅心鲜嫩。

六、相关面点

三鲜水饺，素水饺等。

七、思考题

1. 鲜肉水饺的制作步骤是什么?

2. 鲜肉水饺的操作要点有哪些?

炸酱面

一、原料

面粉500克、冷水200克、猪夹心肉125克、六必居黄酱30克、老抽10、味精2.5克、黄酒10克、葱姜末各10克、绵白糖30克、清汤50克、色拉油适量

二、工艺流程

和面 → 揉面 →醒面 →擀制→ 切条→ 熟制

三、制作步骤

1. 夹心肉洗净，切成小丁；炒锅烧热放入油，加入葱姜末，加入肉丁炒散，加入黄酱、黄酒、老抽，加入清汤，烧开后，加入白糖、味精炒至油亮。

2. 面粉在案板上，在中间开一个小窝，加入水调成面团，揉匀揉透后醒制，用擀面杖擀成薄厚均匀的大面皮，折叠数层，用刀切成粗细均匀的面条，抖散。

3. 锅内加入水烧开，放入面条煮熟，挑入碗内，浇上酱汁即可食用。

四、操作要点

1. 正确掌握掺水量，控制水温，冬季可以用30℃左右的温水。

2. 面皮要擀得薄厚均匀，面条要切得粗细均匀。

3. 酱要炒透。

五、 风味特色

面条爽滑筋道，酱香浓郁。

六、相关面点

雪菜肉丝面，阳春面等。

七、思考题

1. 炸酱面的制作过程是什么?

2. 炸酱面的操作要点有哪些?

馄饨

一、原料

面粉500克、冷水200克、猪夹心肉250克、酱油25克、精盐5克、白糖10克、葱姜末各50克、味精4克、花椒水2克、香油5克

二、工艺流程

和面→揉面→醒面→擀制→包馅→成形→熟制

三、制作步骤

1. 夹心肉洗净，搅成肉馅，放入盆内，加入酱油、盐、花椒水、白糖、味精、姜末调匀后，加入水125克，搅打上劲后，加入葱末、香油拌匀成馅。

2. 面粉在案板上，在中间开一个小窝，加入水调成面团，揉匀揉透后醒制，用擀面杖擀成薄厚均匀的大面皮，切成10厘米的正方形面皮，在中间挑上馅心，将面皮对折成长方形，对折后将两只脚交叉捏紧，即成生坯。

3. 锅内加入水烧开，放入馄饨生坯煮熟，盛入碗内。

四、操作要点

1. 正确掌握掺水量，控制水温，冬季可以用30℃左右的温水。

2. 面皮要擀得薄厚均匀。

3. 制馅时，加水要边加边搅，以保证馅心黏稠，不出水，不要一次将水全部加入。

五、风味特色

面皮爽滑筋道，馅心鲜嫩。

六、相关面点

煮面皮，小馄饨等。

七、思考题

1. 馄饨皮的擀制过程是怎样的？

2. 馄饨的操作要点有哪些？

任务2 温水面团

● 任务驱动

1. 了解温水面团的概念。
2. 掌握温水面团的调制方法。
3. 掌握温水面团的调制要点。
4. 熟练制作温水面团的常见面点。

● 知识链接

温水面团是指用50~60℃的温水调制的面团。行业里称为半烫面或三生面。常用于制作家常饼、蒸饺、花式蒸饺等。

温水面团的调制方法有两种。一种是把面粉倒在案板上，中间开窝，将温水倒入窝内，从四周慢慢向里抄拌成雪花面，散掉热气，再用力揉成表面光滑、质地均匀的面团，盖上干净的湿布醒面。另一种则是将面粉倒在案板上，中间开窝，边加沸水烫粉，边用工具搅拌均匀成雪花面状，然后摊开晾凉，淋上一定量的冷水和成面团，揉至表面光滑，内部均匀，盖上干净的湿布醒面。这种面团较软，有可塑性且不粘手。

温水面团的调制要领主要有：

（1）灵活掌握水温冬天气温低，面粉自身的温度也很低，并且热气易散发，因而水温可相应高点，夏天可相应低点，水温一般在50~60℃。

（2）应散去面团的热气如果热气散不净，淤积在面团内的热气不但使面团容易结皮，而且表面粗糙，开裂，所以应散去面团中的热气。

（3）准确掌握加水量。

（4）动作要迅速。

实例

一、原料

面粉1000克、绵白糖15克、精盐10克、色拉油40克、香油20克

二、工艺流程

烫面→拌成雪花状→洒冷水揉面→醒面→制皮→成形→成熟

三、制作步骤

1. 面粉过筛，放在案板上，200克面粉用100开水拌匀成团；另将800克面粉加入盐10克，加入温水500克调匀面团，然后将两种面团混合成团，醒面。

2. 将面坯搓成长条，揪成10个剂子，揉成椭圆形，擀成15厘米×25厘米的长方形面皮，刷上一层色拉油，顺势拉长，从上边折过2厘米左右，双手拇指、食指分别捏住两头，叠成台阶形成长条，抻长后盘成圆饼形，擀成约20厘米的圆形生坯。

3. 平锅烧热，放少许色拉油，将饼放入锅内，煎至两面金黄色即可。

四、操作要点

1. 和面时，开水要浇匀，加水量要准确，成团后要散尽面团中的热气。

2. 折叠时层次要均匀，擀制时用力要适当，成熟时注意火候。

五、风味特色

层次清晰，色泽金黄，松而不散，柔润松香。

六、相关面点

老家肉饼，薄饼等。

七、思考题

1. 家常饼的制作过程是什么？

2. 家常饼的操作要点有哪些？

月牙饺

一、原料

面粉500克、青菜1000克、绵白糖15克、精盐10克、味精10克、熟猪油40克、香油20克

二、工艺流程

烫面→拌成雪花状→洒冷水揉面→醒面→制馅→制皮→成形→成熟

三、制作步骤

1. 面粉过筛，放在案上，在中间开一个窝，加入沸水搅拌成麦穗状，散尽面团热气后，再洒上冷水揉匀成团，盖上湿布醒面。

2. 将青菜叶洗干净，放入沸水锅内，焯至三成熟后捞出，用冷水漂清，凉透，捞出剁碎挤干水分，放入盆内，加熟猪油、精盐、绵白糖、味精拌匀即成馅心。

3. 面团揉透，搓成长条，下剂（约50个），擀成圆形面皮，放在左手四指上，挑上馅心，将面皮折起，右手拇指、食指沿边依次捏出瓦楞形花纹，即为生坯。

4. 生坯入笼，蒸约6分钟，即可出笼。

四、操作要点

1. 和面时，开水要浇匀，加水量要准确，成团后要散尽面团中的热气。

2. 擀皮时要注意手法。

五、风味特色

皮薄馅大，馅心软糯香甜。

六、相关面点

翡翠烧麦等。

七、思考题

1. 月牙饺的制作过程是什么？

2. 月牙饺的操作要点有哪些？

梅花饺

一、原料

面粉500克、鲜肉馅300克、胡萝卜末20克

二、工艺流程

烫面→拌成雪花状→洒冷水揉面→醒面→制馅→制皮→成形→成熟

三、制作步骤

1. 面粉过筛，放在案上，在中间开一个窝，加入沸水搅拌成麦穗状，再洒上冷水揉匀成团，散尽面团热气后，盖上湿布醒面。

2. 面团揉透，搓成长条，下剂（约50个），擀成圆形面皮，挑上馅心，将面皮分五等份向上，分别对捏在一起，呈五个孔洞，用手捏牢，再用手将相邻的边捏在一起，在饼中间形成五个小洞，将胡萝卜末分别填在五个大洞口内，即为生坯。

3. 生坯入笼，蒸约6分钟，即可出笼。

四、 操作要点

1. 和面时，开水要浇匀，加水量要准确，成团后要散尽面团中的热气。

2. 成形时要注意使五个大洞大小一致。

五、风味特色

形似梅花，造型美观。

六、相关面点

冠顶饺，一品饺等。

七、思考题

1. 梅花饺的制作过程是什么？

2. 梅花饺的操作要点有哪些？

任务3 热水面团

任务驱动

1. 理解热水面团的概念。
2. 掌握热水面团的调制方法。
3. 掌握热水面团的调制要领。
4. 熟练制作热水面团的常见面点。

知识链接

热水面团是指用80℃以上的热水调制的面团，主要用于制作锅贴、烧卖、薄饼、空心饽饽等。

热水面团的调制方法：把面粉倒在案板上，中间开窝，边浇热水烫粉边用工具搅拌均匀成雪花状，摊开晾凉，淋少量冷水，揉搓成团，至表皮光滑，质地均匀即可，盖上干净的湿布醒面。

热水面团的调制要注意以下几点：

（1）热水要浇匀。

（2）散尽面团中的热气。

（3）加水量要准确。

（4）面团不宜多揉。揉面时，只能揉匀。多揉则生筋，就失去了烫面的特点。

实例

一、原料

面粉500克、开水250克、糯米馅800克

二、工艺流程

烫面→拌成雪花状→洒冷水揉面→醒面→制馅→制皮→成形→成熟

三、制作步骤

1. 面粉过筛，放在案上，在中间开一个窝，加入沸水搅拌成麦穗状，散尽面团热气后，再洒上冷水揉匀成团，盖上湿布醒面。

2. 面粉少许撒在案板上，放上面团搓成长条，分为40个剂子，拍扁，用长约23厘米的橄榄擀面杖擀制成中间稍厚、边缘较薄、有褶纹并略凸起呈荷叶形的皮子。

3. 左手托起面皮，挑馅心抹在面皮中间，随即五指合拢包住馅心，五指顶在烧卖坯的1/4处捏住，让馅心微露，再将烧卖在手心转动一下位置，以大拇指与食指捏住“颈口”，捏拢成石榴形生坯。

4. 生坯放入蒸笼内，上锅蒸约5分钟，面皮不粘手时即熟。

四、操作要点

1. 和面时，开水要浇匀，加水量要准确，成团后要散尽面团中的热气。

2. 擀皮时要注意手法。

五、风味特色

形似石榴，皮薄馅大，馅心油润，软糯香甜。

六、相关面点

冠顶饺，金鱼饺等。

七、思考题

1. 烧卖皮的制作过程是什么？

2. 糯米烧麦的操作要点有哪些？

糖糕

一、原料

面粉500克、水1250克、稀面糊50克、色拉油50克、玫瑰白糖馅1500克

二、工艺流程

烫面→揉面→加入面糊、色拉油揉匀→搓条→下剂→包馅→成熟

三、制作步骤

1. 面粉过筛备用。

2. 将水放入锅内烧开，加入过筛的面粉，边倒边用擀面杖搅动烫匀成团，倒在案上摊开晾凉，边揉面边将稀面糊和色拉油分次揉进面团内，揉匀成团。

3. 面团揉透，搓条，下剂，捏成窝形，包入馅心，收口收严，按成圆饼，下入五成热油锅内，炸制鼓起，呈金黄色即可。

四、操作要点

1. 面团一定要烫透，揉匀。

2. 包馅时，一定要捏紧收严，防止白糖渗出。

五、风味特色

表面金黄，外焦里嫩，糖油盈口，甜润清香。

六、相关面点

菜角，波丝油糕等。

七、思考题

1. 糖糕的制作过程是什么？

2. 糖糕的操作要点有哪些？

鲜肉锅贴

一、原料

面粉500克、开水250克、调制好鲜肉馅700克

二、工艺流程

烫面→拌成雪花状→洒冷水揉面→醒面→制馅→制皮→成形→成熟

三、制作步骤

1. 面粉过筛，放在案上，在中间开一个窝，加入沸水搅拌成麦穗状，散尽面团热气后，再洒上冷水揉匀成团，盖上湿布醒面。

2. 面粉少许撒在案板上，放上面团搓成长条，分为50个剂子，拍扁，用擀面杖将其擀成中间厚、边缘薄的皮子，放上馅心，包成饺子形。

3. 煎锅烧热，放入少许油，摆入生坯，将面粉加入少许水，调成稀面水，倒入锅内，至生坯的1/3处，盖上锅盖，待水分熗干后，加入少许油，煎至底面金黄色，出锅即可。

四、操作要点

1. 和面时，开水要浇匀，加水量要准确，成团后要散尽面团中的热气。

2. 煎制时要注意火候。

五、风味特色

色泽金黄，香脆可口。

六、相关面点

素锅贴，牛肉锅贴等。

七、思考题

1. 鲜肉锅贴的制作过程是什么?
2. 煎的操作要点有哪些?

项目二 膨松面团

学习目标

膨松面团是指在调制面团过程中除了加水或鸡蛋外，还要添加酵母菌或化学膨松剂或采用机械搅打，使面团具备膨松能力的面团。用膨松面团制作的面点叫膨松面团制品。

一、膨松面团的分类

按膨松方法的不同，膨松面团可分为生物膨松面团（也叫发酵面团）、化学膨松面团和物理膨松面团三种。

二、膨松面团的调制方法及要点

（一）生物膨松面团（发酵面团）的调制方法及要点

1. 纯酵母发酵的调制方法及要点

（1）纯酵母发酵面团的调制方法　将面粉倒在案板上，中间扒一塘，放入干酵母和白糖，加入温水和成团，揉搓成均匀光滑的面团。

（2）纯酵母发酵面团的调制要点

①掌握好用料比例：一般加入面粉量1%的干酵母，3%的白砂糖，60%的温水。

②将面团揉匀揉透：这样才能使制品表面光滑，色泽洁白。

③掌握好醒置时间：不同季节醒置时间不一样，夏季短、冬天长。

2. 面肥发酵面团的调制方法和要点

（1）面肥发酵面团的调制方法　将当天剩下的酵面加温水抓开，与面粉拌匀，揉成光滑的面团。

（2）面肥发酵面团的调制要点

①用料比例要恰当：一般制作大酵面，面肥的量是面粉量的10%。

②发酵时间要得当：冬天5~6小时，夏天1~2小时即可。

③使用前必须兑碱：因为面团中有杂菌，会产生酸，所以必须兑碱。

（二）化学膨松面团的调制方法和要点

1. 发粉膨松面团的调制方法及要点

（1）发粉膨松面团的调制方法　首先是将面粉和发酵粉拌匀，摊放在案板上，围成圆坑形，加入白糖、猪油、蛋液，右手擦至白糖约七成溶解，然后放进臭粉搅和匀，采用叠法，轻轻用手叠2~3次即可。

（2）发粉膨松面团的调制要点

①拌和均匀后复叠成团，防止生筋和油解。

②面团硬度要恰当。

2. 矾碱盐膨松面团的调制方法和要点

（1）矾碱盐膨松面团的调制方法　将明矾粉与细盐放于碗中，用水化开；小苏打（或食碱）放于另一碗中，用水化开。把小苏打（或食碱）溶解导入明矾溶液中，边倒边搅，见泡沫打起又退下，水成浮白色后倒入面粉中搅拌均匀，手上沾水搋成面团，盖湿布醒置。

（2）矾碱盐膨松面团的调制要点

①用料比例必须得当：一般25千克的面粉，加明矾0.6千克、小苏打0.6千克（或食碱0.3千克）、盐0.45千克、小苏打16千克，不同季节略有调整。

②膨松剂必须先溶解：明矾、小苏打、盐都是颗粒状的，必须先用水溶解，再倒在一起发生化学反应，产生气。

③调整方法必须得当：一般采用捣、扎、搋的方法比较合适。每捣一次，要醒面20~30分钟，反复搋2~3遍。

④必须醒面：面团搋好后，一般要抹上一层油，用布盖好，静放一段时间，并随着季节气温的变化而调整，夏天约2小时，冬天3~4小时，有时还要长一些。

（三）物理膨松面团的调制方法和要点

1. 蛋泡面团的现代调制方法和要点

（1）蛋泡面团的调制方法　将糖、蛋、盐放入专用的搅拌器中，先慢速搅拌至糖溶化，后加入蛋糕乳化油搅匀，面粉过筛与发粉搅匀一起加入到搅拌器中慢速搅拌2分钟。再高速搅拌5分钟，同时分次加入奶水，最后慢速搅拌2分钟。

（2）蛋泡面团的调制要点

①掌握合理的搅打方法：不同阶段要求不同的搅打方法。有时需要慢速搅拌，将原料搅匀；有时则需高速搅打2分钟。

②合理使用乳化油：蛋糕乳化油使用量的多少对其调制工艺有很大影响，蛋糕油使

用量大（5%~8%），调制时粉、蛋、糖等原料可以一次加入搅拌；蛋糕油使用量减少时，则面粉应尽量推后加入，这样有利于蛋液起泡。

2. 蛋油面团的调制方法和要点

（1）蛋油面团的调制方法　将糖、油、盐加入专用搅拌器中，中速搅打10分钟至糖油膨松呈绒毛状，将蛋分两次加入打发的糖油中拌匀，使蛋与糖油充分融合，面粉与发粉过筛与奶水分次加入上述混合物中，并作低速搅拌至其均匀细腻。

（2）蛋油面团的调制要点

①油脂的使用：应选择可塑性强、融合性好、熔点较高的油脂为宜，如氢化油、起酥油。油脂用量多，宜选粉油拌合法；油脂用量较少，宜选用糖油拌合法。

②搅拌桨的选用：开始时宜选用叶片式搅拌桨，将油脂搅打软化，最后用球形搅拌桨打充气。

③搅打温度的影响：温度过低，油脂不易打发；温度过高，超过其熔点，也打力越强。

④糖颗粒大小的影响：糖的颗粒越小，油脂打发时间越短，油脂结合空气的能力越强。

三、膨松面团的特性及使用范围

（一）生物膨松面团（发酵面团）的特性及使用范围

1. 生物膨松面团（发酵面团）的特性

膨松、柔软、多孔，制品体积膨大、形态饱满、口感松软、营养丰富。

2. 生物膨松面团（发酵面团）使用范围

这种面团适宜制作大包、馒头、花卷、油糕、汤包等。

（二）化学膨松面团的特性及使用范围

1. 化学膨松面团的特性

使成品具有膨松、酥脆的特点。

2. 化学膨松面团的使用范围

使用范围一般为多糖、多油、多辅料的面团。如用于制作甘露酥、油花、麻花、桃酥等。

（三）物理膨松面团的特性及使用范围

1. 物理膨松面团的特性

膨大、稀软，使成品暄松柔软、口味鲜美、营养丰富。

2. 物理膨松面团的使用范围

这种面团一般用于蛋糕类的制作。

实例

五丁包

一、原料

面粉500克、温水250克、大酵面团150克、食碱液5克、肋条肉500克、熟鸡肉100克、熟鲜笋100克、水发海参100克、虾仁100克、清汤100克、精盐10克、葱姜末5克、虾子5克、白糖50克、色拉油50克、酱油75克、湿淀粉20克

二、工艺流程

调馅→和面→成形→成熟

三、制作步骤

1. 将猪肋条肉焯洗干净，放入水锅中加葱煮至七成熟，捞出晾凉切成0.7厘米见方的肉丁，熟鸡肉切成0.8厘米见方的鸡丁，鲜笋切成0.5厘米的笋丁，海参切0.8厘米见方的丁，虾仁漂洗干净，用精盐少许，加淀粉上浆，滑油，盛起冷却。另将海参丁下锅放入葱姜煸一下，加入四丁、清汤、精盐虾子、白糖、色拉油、酱油，烩熟后收汤抓芡，盛起冷却。

2. 将面粉500克倒在案板上，中间扒一小凹塘，放入大酵面，再放入温水约250克，调成面团，揉匀揉透，为防止表皮干硬开裂，用干净湿布盖好，并保持适宜的温度发酵。

3. 待面发好后，加食碱液揉至无黄色斑点，再用湿布盖上稍醒一会儿，然后搓成长条，摘成12只面剂，用手掌拍成10厘米直径的圆皮。拍制时注意，使皮子四周稍薄、中间稍厚。包捏时左手掌托住皮子，掌心略凹，用竹刮子上馅，馅心在皮子正中。左手将包子皮平托于胸前，右手拇指与食指自右向左依次捏出32个皱褶，用右手的中指捏拢，拇指与食指略微向外拉一拉，使包子最后形成颈项，如鲫鱼嘴。

4. 将小笼屉放在沸水锅上，一次将包子放入小笼屉中，醒5~10分钟，蒸约15分钟（小包子只需10分钟），待皮子不粘手，鲫鱼嘴内略汪出卤汁时即可出笼。

四、操作要点

1. 用碱量应根据面团的发酵程度正确使用。

2. 馅制作时应注意鸡丁大于肉丁，肉丁大于笋丁。

五、风味特色

皮子吸进了馅心的卤汁，松软鲜美。馅心软硬相宜，口感软中有脆，口味鲜咸中略有甘甜，油而不腻。

六、相关面点

三鲜包子，青菜包等。

七、思考题

1. 五丁包子的操作要点有哪些?

2. 五丁包子的制作手法是什么?

生肉包子

一、原料

面粉500克、温水250克、大酵面团150克、食碱液5克、猪夹心肉500克、葱姜末5克、虾子5克、白糖35克、酱油75克、香油25克、清水150克

二、工艺流程

调馅→和面→成形→成熟

三、制作步骤

1. 将猪夹心肉洗净，剁成肉蓉，放入容器

内加酱油、白糖、虾子、葱姜末拌和，拌透后分2~3次放入清水共150克，沿一个方向搅拌上劲，然后放入麻油拌匀，待用。

2. 酵面中放入碱水，施准碱后与面粉温水和成面团，将面团揉透，搓成长条，摘成20个剂子。剂子上撒上少许干粉，然后用右手掌拍成中间略厚、边缘略薄约8厘米直径的圆皮。左手托住包皮，中间略凹，用竹刮子上馅，馅心在皮子正中。左手将包皮平托于胸前，右手拇指与食指自右向左依次捏出32个皱褶，同时用右手的中指紧顶住拇指的边缘，让起过褶以后的包皮边缘从中间通过，夹出一道包子的“嘴边”。每次捏褶子时，拇指与食指略微向外拉一拉使包子最后形成颈项，如鲫鱼嘴。

3. 包子生坯上笼，置于旺火沸水锅上，蒸约10分钟，待皮子不粘手，鲫鱼嘴内略汪出卤汁时即可出笼。

四、操作要点

1. 面团的用碱量应根据面团的发酵程度正确使用。

2. 包捏成形时，右手中指应与拇指、食指配合，抵出包子的“嘴边”。

五、风味特色

膨松柔软，形状美观，咸中微甜，汁多鲜嫩。

六、相关面点

羊肉包子，三鲜素包等。

七、思考题

1. 成形时两手怎样配合？

2. 如何检验包子是否成熟？

蜂糖糕

一、原料

面粉500克、温水300克、老酵面150克、食碱液5克、糖桂花卤3克、白糖175克、红枣200克、红色色素0.1克、蜜饯70克、色拉油30克

二、工艺流程

和面→成形→成熟

三、制作步骤

1. 将面粉500克倒在案板上，中间扒一小凹塘，放进老酵面，再放入温水约250克，调成面团，揉匀揉透，为防止表皮干硬开裂，用干净湿布盖好，并保持适宜的温度发酵成酵面。

将酵面兑入食碱液，面色呈绿豆色，在面团内再放进白糖、糖桂花卤、温水50克揉匀，或拎住一头在案板上掼，掼上劲，这样制品成熟后既松又有劲。

2. 将酵面分成两等份，将面块都揉搓滚动成圆团，至表面光滑而无小气泡为止。用2只小钵头，烫洗干净后，钵内用油涂抹一下，将光滑面团的光面朝下，放入钵头，一般面团的体积只能占钵头的70%，把钵头放进温房静置，温度需达40℃左右，待酵面醒发至与钵口相平时，即可出温房。

将酵面直接覆入小笼内，1块面团覆入1只小笼，光面朝上，擦去酵面上的油迹，将蜜饯、红枣之类嵌在四周，用右手沾少许清水，将糕面抹平，即成蜂糕生坯。

3. 将蜂糖糕生坯随即放在沸水锅上蒸20分钟，用竹签子扦入糕内，抽出来时签子上没有生面粘在上面，证明已成熟，即可出笼。

4. 出笼后趁热用特制的大圆戳沾上红色素溶液，盖上红色图案，或喜庆，或丰收，可随个人喜好自己设计。

四、操作要点

1. 酵面调好后要揉上劲，这样成熟后既松且有劲。

2. 搓好的面团要入温房醒发。

五、风味特色

甜香可口，松软无比。

六、 相关面点

红枣发糕，玉米发糕等。

七、思考题

1. 怎样使蜂糖糕既松又有劲?

2. 怎样设计装饰图案?

秋叶包子

一、原料

面粉500克、温水250克、老酵面50克、食碱液5克、细沙馅100克、绿色素0.01克

二、工艺流程

选料→和面→醒面→搓条→下剂→成形→成熟

三、制作步骤

1. 将面粉500克倒在案板上，中间扒一小凹塘，放进老酵面，再放入温水约250克，调成发酵面团，揉匀揉透，为防止表皮干硬开裂，用干净湿布盖好，并保持适宜的温度。

2. 将酵面兑入食碱液，揉匀揉透，搓成长条，摘成11只剂子；取1只剂子做成10根叶柄。将每只剂子搓揉光滑，按扁后包进馅心，先用拇指把皮子向馅心捏进一角，在捏进的一只角放一根叶柄。再用拇指、食指将皮子两面对齐，二指交叉捏进，将一条长缝一直捏到叶尖，即为中间一条叶脉，再用铜花钳在页面的两侧钳出两排“人”字形花纹。

3. 将秋叶包子生坯上笼蒸熟后，趁热用牙刷弹上淡绿色色素即可。

四、操作要点

1. 面团要调制得稍硬一些。

2. 生坯成形后，掌握醒制时间。

五、风味特色

色白松软，形似秋叶。

六、相关面点

白兔包，猪头包等。

七、思考题

1. 秋叶包的操作要点有哪些?

2. 秋叶包的成形是什么手法?

一、原料

面粉500克、干酵母7.5克、泡打粉7.5克、白糖15克、温水300克、糯米250克、虾米25克、腊肉50克、葱10克、姜10克、黄酒15克、白糖30克、熟花生仁50克、熟猪油125克、鸡精10克

二、工艺流程

和面→调馅→成熟

三、制作步骤

1. 将面粉中加入干酵母、泡打粉、白糖、温水后调成面团揉成光滑的面团，醒制。

2. 糯米洗净后用冷水浸泡5小时，上笼蒸

制成熟。砂锅中放入熟猪油，加入葱花、姜末略煸，放入腊肉丁、虾米粒煸炒，再放入黄酒，加入适量的水、白糖、鸡精，烧开后倒入熟糯米拌匀，烧开卤汁后拌入熟花生仁、熟猪油。

3. 将面团分割后，取一块坯子擀成长方形面皮，沿着长边放上馅心，压紧压实后卷起面筒状，略醒。

4. 生坯熟制。将筒状生坯切成段上笼蒸制6分钟即可，改刀装盘。

四、操作要点

1. 掌握好皮的厚度。
2. 控制好醒发时间。
3. 馅心必须压紧。

五、风味特色

色白松软，软糯香鲜。

六、相关面点

血糯楂糕卷等。

七、思考题

1. 糯米卷的操作要点有哪些？
2. 卷制的馅料可以换成哪些？

黄油卷

一、原料

面粉500克、干酵母7.5克、泡打粉7.5克、温水300克、白糖50克、黄油30克、奶粉5克、吉士粉5克、鸡蛋1只、黄油50克

二、工艺流程

和面→成形→成熟

三、制作步骤

1. 将放在案板中间的面粉扒一塘，加入干酵母、泡打粉、白糖、黄油、奶粉、吉士粉、鸡蛋、温水调匀后与面粉揉成团，醒制15分钟。

2. 将面团分坯，取一块面坯擀成长方形薄皮，刷上化开的黄油，卷成筒状，沿截面切成剂，用两手拉捏成卷形。

3. 生坯上蒸足汽蒸10分钟即可。

四、操作要点

1. 用料比例要得当。
2. 面团要揉匀，坯皮要光洁。

五、风味特色

色泽淡黄，松暄绵软，香甜味美。

六、相关面点

葱油卷，银丝卷等。

七、思考题

1. 怎样卷制成形？
2. 黄油卷的操作要点有哪些？

紫菜野菌包

一、原料

面粉500克、白糖30克、干酵母7.5克、泡打粉7.5克、温水适量、白灵菇200克、紫菜50克、胡萝卜130克、大虾仁30克、高汤100克、盐4克、味精4克、葱姜末5克、淀粉20克、色拉油50克

二、工艺流程

调馅→和面→成形→成熟

三、制作步骤

1. 将白灵菇洗净切丁；胡萝卜洗净切丁；

紫菜切碎；虾仁上浆滑油待用。

2. 锅中加油将葱姜末煸出香味，倒入白灵菇丁煸炒，再加入胡萝卜丁略煸，倒入高汤加入盐、味精，勾芡后拌入浸泡后切碎的紫菜及上浆的虾仁即成馅。

3. 面粉中加入干酵母、白糖、泡打粉、温水和成发酵面团。

4. 面团搓条下剂包上馅心，捏成有褶折的包子。

5. 入笼，足汽蒸6分钟即可。

四、操作要点

1. 面团软硬度要适中，并要将面团揉匀压透。

2. 生坯的醒发时间要恰当。

五、风味特色

色泽洁白，皮质松软，纹路清晰，口味鲜美。

六、相关面点

什锦包，野鸭包等。

七、思考题

1. 怎样调制馅心?

2. 思考包制的成形手法。

腊肠卷

一、原料

面粉500克、干酵母7.5克、泡打粉7.5克、白糖30克、温水300克、腊肠250克、腊肉200克、粟粉10克、生粉5克、生抽10克、老抽5克、蚝油15克、盐2克、香油2克、味精5克、清水80克、洋葱15克、白糖30克。

二、工艺流程

选料→和面→揉面→发酵→搓条→摘剂→调馅→成形→成熟

三、制作步骤

1. 将面粉放于案板上，中间扒一凹塘，放入干酵母、泡打粉、白糖、温水调成团，揉匀揉透，醒制15分钟。

2. 锅中放油，将洋葱炸香捞出，再加清水80克，生抽、老抽、盐、香油、白糖烧沸，用生粉、粟粉稀浆勾芡，再加入蚝油、味精搅匀即成；将腊肠、腊肉切成段，分别与芡料拌匀即成。

3. 将面团搓条摘剂，每只剂子搓成22厘米的圆条缠绕在1根腊肉1根腊肠组成的馅心上即成，入发酵箱醒发20分钟。

4. 将生坯装入笼中，旺火沸水蒸8分钟即成。

四、操作要点

1. 面坯搓条时粗细要一致。

2. 成形时，面条头、尾必须压紧。

3. 生坯醒发时间要恰当。

五、风味特色

色白松软，形态规整，味咸鲜香。

六、相关面点

热狗卷，香肠卷等。

七、思考题

1. 腊肠卷的操作要点有哪些?

2. 生坯如何醒发?

千层油糕

一、原料

面粉950克、温水650克、老酵面300克、食碱液5克、猪板油丁400克、白糖600克、熟猪油150克、红绿丝10克

二、工艺流程

选料→和面→醒发→擀制→成形→成熟

三、制作步骤

1. 用面粉600克，倒在案板上，中间扒一小凹塘，放进大酵面，再放入温水约300克，调成发酵面团，揉匀揉透，为防止表皮干硬开裂，用干净湿布盖好，并保持适宜的温度。

将发酵面团兑入食碱液，呈绿豆色，揉匀后盖上湿布。取350克面粉置案板上，中间扒一小凹塘。将兑好碱的酵面摘成若干小面团，散放于面粉上。将350克温水分2–3次徐徐倒入面粉中，揉匀揉透后，摔打上劲。置于案板上，盖上湿布，醒发10分钟。

2. 在案板上撒上少许干面粉，将醒好的面团滚上粉，擀成2米长、40厘米宽的长方形面皮。将熟猪油熔化，均匀地涂在面皮上，撒上白糖抹均匀后再将糖板油丁均匀地铺在上面，从左向右将面皮卷起成筒状，卷紧，两头要一样齐。用擀面杖将圆筒压扁，再擀成长方形厚皮。将两头擀薄后向里叠成方角，再将两边向中间叠起，然后对折，叠成4层的正方形糕坯，用擀面杖压成40厘米见方生坯。

3. 用大笼屉1只，笼垫上刷熟猪油，将生坯平放于笼内，将红绿丝撒在糕面上铺匀，蒸约45分钟，当糕面膨起、触之不粘手时即可出笼。

4. 将取出的糕晾凉，用快刀修齐四边，切成6根宽条，将第1条和第6条各切成6块大小形状相同的菱形块，其余每条切成7块小菱形块。食时上笼蒸透，装盘上桌。

四、操作要点

1. 面团要调得有劲力，擀皮时应用力均匀，使之厚薄一致，面粉应撒均匀。

2. 每次折叠应均匀，不能弄破面皮，以免蒸时漏糖油。

五、风味特色

色泽透明，绵软甜嫩，层次清晰。

六、相关面点

千层饼等。

七、思考题

1. 千层油糕是如何成形的？

2. 千层油糕的操作要点有哪些？

小笼馒头

一、原料

面粉350克、温水140克、酵种225克、食碱液8克、净猪腿肉450克、猪皮冻150克、香葱10克、生姜20克、虾子2克、黄酒5克、精盐10克、酱油50克、清水150克、味精2.5克、绵白糖100克

二、工艺流程

选料→和面→醒发→擀制→成形→成熟

三、制作步骤

1. 将面粉（325克）入缸扒开，用80℃热水140克（夏季用温水）和成雪花面，再将撕碎的酵种和食碱水倒入，揉合至光滑软韧为酵面。

2. 把猪腿洗净碎加酱油、精盐、黄酒拌和，皮冻搅碎掺入肉中，加绵白糖、味精、葱、姜末、虾子、清水拌和成馅。

3. 将面团再揉成长条，摘成大小相等的剂子40个，撒些面，用擀面杖擀成边薄中厚的圆皮（直径约5厘米），放馅（25克），捏成有15~20个折纹的馒头生坯。

4. 取小格蒸笼，铺衬草垫，每格放10只生坯，上旺火沸水锅蒸约五六分钟即可取出。食时备玫瑰香醋和嫩姜丝佐料。

四、操作要点

1. 酵面不要发得太足。

2. 皮要擀得薄。

五、风味特色

皮薄而多卤，甜中有咸，葱姜溢香，具有浓郁的无锡风味。

六、相关面点

黄金大饼，金银馒头等。

七、思考题

1. 如何掌握用碱量？

2. 小笼馒头食用时要注意什么？

一、原料

面粉500克、干酵母7.5克、泡打粉7.5克、白糖30克、温水600克、龙虾肉150克、鲜虾仁150克、马蹄100克、琼脂10克、鸡汤200克、葱花10克、姜末10克、黄酒20克、盐10克、胡椒粉5克、香油10克、色拉油50克

二、工艺流程

选料→和面→调馅→搓条→下剂→成形→成熟

三、制作步骤

1. 将面粉放于案板上，中间扒一凹塘，放入干酵母、泡打粉、白糖、温水调成面团，揉匀揉透，醒制10分钟。

2. 将龙虾肉、鲜虾仁拍碎，拌入马蹄切粒、葱、姜、盐、胡椒粉、味精、黄酒、香油；将琼脂泡开，洗净后与鸡汤、盐、味精熬成琼脂液，冷却成冻；将琼脂冻捏碎与虾肉馅拌匀即成。

3. 面团揉透，搓成长条，下成小剂，20克，擀成圆形面皮，放在左手上，挑上馅心，包成饺子形，即成生坯。

4. 将平底锅洗净烧干，淋入色拉油，放入生坯煎制，分次加入开水，煎至底部金黄，上部色白不粘手即可。

四、操作要点

1. 掌握好坯皮的厚薄。

2. 成形时捏出的纹路要清晰均匀。

3. 煎制时控制好加水量和火候。

五、风味特色

色白松软，底部色泽金黄，馅心鲜嫩，汁多鲜香。

六、相关面点

鱼肉煎饺等。

七、思考题

1. 怎样调制虾陷？

2. 虾肉生煎饺的操作要点有哪些？

一、原料

面粉200克、淡奶200克、白糖250克、吉士粉20克、泡打粉15克、黄油100克、鸡蛋300克

二、工艺流程

选料→和面→装模→蒸制

三、制作步骤

1.将面粉、淡奶、白糖、吉士粉、泡打粉、黄油、鸡蛋调好后拌匀，调成糊状过筛，倒入刷过油的不锈钢方盆中。

2. 将方盆上笼足汽蒸25分钟即可。

四、操作要点

1. 用料比例要得当。

2. 调制糕坯时要将白糖、黄油等调匀。

五、风味特色

松软甘香，糕身饱满，内部气孔排列均匀。

六、相关面点

松糕，棉花杯等。

七、思考题

1. 泡打粉有几种?

2. 马拉糕的操作要点有哪些?

鲜奶油盏

一、原料

面粉200克、黄油80克、糖粉80克、鲜奶油200克、鸡蛋80克、吉士粉10克、泡打粉4克、水适量、红樱桃适量

二、工艺流程

选料→和面→调馅→成形→成熟

三、制作步骤

1. 面粉放于案板上扒一凹塘，加入黄油、糖粉、鸡蛋、吉士粉、泡打粉、水调匀，再与面粉采用“折叠法”调成团。

2. 将鲜奶油放入打蛋器中，以中速打泡，再低速搅打两分钟。

3. 将面团擀成薄皮，用菊花形套模刻出圆皮，装入抹过油的菊花盏，将底部按薄。

4. 将生坯放入160℃ 的烤箱烤至成熟，冷却后挤入鲜奶油，用樱桃末点缀。

四、操作要点

1. 用料比例要得当，面团采用“折叠法”调制。

2. 盏的底部要按薄。

3. 烘烤温度一般为160℃。

五、风味特色

油盏金黄，呈菊花边形，酥松甘甜，奶油洁白，细腻香甜。

六、相关面点

马拉糕，香蕉奶油盏等。

七、思考题

1. 面团为什么采用折叠法调制?

2. 怎样掌握炉温?

清蛋糕

一、原料

低筋面粉600克、鸡蛋100克、白砂糖600克、色拉油50克

二、工艺流程

选料→配料→原料搅拌→装模→烘烤

三、制作步骤

1. 将鸡蛋液、白砂糖加入打蛋筒中，打开打蛋机高速搅打至气泡发白、呈黏稠状时停止，然后加入低筋粉，慢慢搅匀(可适当加些香料)。

2. 将蛋糊倒入已垫上牛皮纸、刷上色拉

油的烤盘中，放入已预热到180℃的烤箱中烘烤。烤制20分钟左右，至棕黄色即成。

四、操作要点

1. 搅粉时间不宜过长。
2. 选用的鸡蛋要新鲜。

五、风味特色

色泽棕黄，绵软细腻，口香味美。

六、相关面点

花纹蛋糕，海绵蛋糕等。

七、思考题

1. 低筋粉何时加入适宜？
2. 怎样调制炉温？

泡芙

一、原料

人造黄油400克、面粉550克、水600克、盐20克、鸡蛋18只、鲜奶油200克、白糖40克

二、工艺流程

选料→配料→和面→调馅→成形→成熟→成品

三、制作步骤

1. 将水倒入锅中烧开，加入盐、人造黄油，化开后加入面粉烫透。将面团倒入搅拌机中搅打均匀，分次加入鸡蛋打匀后即可。
2. 将鲜奶油、白糖放入打蛋器中，以中速打泡，再改低速搅打2分钟即可。
3. 将蛋糊倒入裱花袋中，在刷过油的烤盘中挤注成形。
4. 将烤盘放入180℃的烤盘中烤约25分钟呈现淡红褐色即可。

四、操作要点

1. 生粉需要烫透，无颗粒。
2. 烫好的面团须冷却才能将鸡蛋逐只打入。
3. 烘烤时要一次性成熟，中途不能打开炉门。

五、风味特色

内空无絮状物，壳薄，呈金黄色，外酥脆，内松软。

六、相关面点

天鹅泡芙，巧克力泡芙等。

七、思考题

1. 烫好的面团中，怎样加入鸡蛋？
2. 鸡蛋在泡芙中的作用是什么？

蛋糕杯

一、原料

鸡蛋8只、白糖400克、面粉400克、鲜奶油400克、泡打粉12克、瓜子仁50克

二、工艺流程

选料→和面→装模→烘烤

三、制作步骤

1. 鸡蛋液倒入打蛋机中打发起泡，倒出；鲜奶油和白糖倒入打蛋机中，再打发；面粉、泡打粉拌匀，筛入鲜奶油中，拌匀，再将奶油糊与蛋泡糊拌匀，舀入蛋糕杯中，瓜子应均匀地撒在蛋糕坯表面。
2. 将蛋糕杯放入160℃的烤箱中烘烤15分钟即可。

四、操作要点

1. 蛋清采用中速打发。

2. 蛋黄、液态鲜奶油（打发）与面粉拌匀后再加入蛋泡中拌匀。

3. 烘烤的温度一般为180℃。

五、风味特色

色泽金黄，膨松柔软，细腻滋润，奶香浓郁。

六、相关面点

黄油蛋糕，香蕉蛋糕等。

七、思考题

1. 蛋糕杯的操作要点有哪些？

2. 如何掌握炉温？

学习目标

1. 掌握油酥面团的概念。
2. 掌握油酥面团的成团原理及分类。
3. 掌握油酥面团各自的特性、调制技术及运用。
4. 掌握油酥面团在操作过程中的技术关键。
5. 以实例达到举一反三的效果。
6. 指出学生实践操作中易出现的问题。

一、油酥面团的概念

油酥面团是指以油脂和面粉为主要原料，再配以水和辅料（如鸡蛋、白糖、化学膨松剂等）调制而成的面团。用油酥面团制作的食品，具有质地酥松、口味酥香和营养丰富的特点，是面点中独具特色的品种。精细的点心大部分都用油酥面团制成。

二、油酥面团的分类

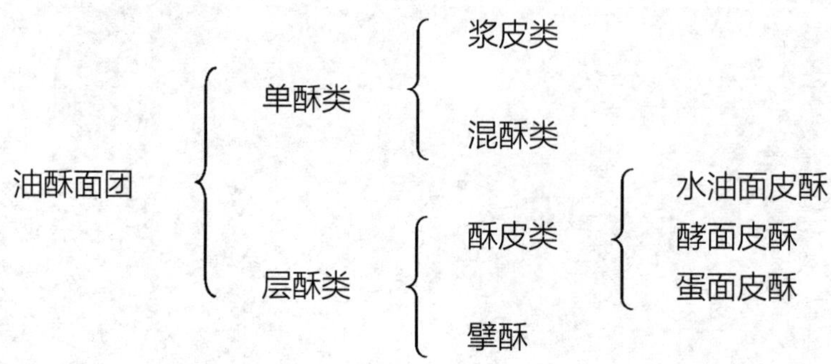

三、油酥面团的起酥原理

油酥面团之所以能够起酥，是因为调制时只用油与面粉调成面团，而不用水。干油酥所用的油脂是一种胶体物质，具有一定的黏性和表面张力。把油脂与面粉和成团后，面粉的颗粒被油脂包围，粘在一起。由于油脂的表面张力强，不易化开，所以油脂和面粉结合得不紧密。但经过反复地“擦”制，扩大了油脂颗粒与面粉的接触面，也就是充分增强了油脂的黏性，使粘结力逐渐加强，成为油酥面团。由此看来油酥面团能形成的主要原因是靠油脂表面张力粘结成团，故不能形成面筋网络和增加黏度，油酥面团仍然比较松散，没有粘性，没有筋力，这就形成了与水调面团不同的性质，即它的起酥性。虽然油酥面团具有很大的起酥性，但面质松散、软滑，缺乏筋力和黏度，在加热制熟过程中也会遇热而散碎，故不能单独制成成品。因此，必须加入其他的原料或采用其他方法与油酥面团配合，这就形成了加入水、油、糖和膨松剂等调制的单酥；包入其他面皮内的水油酥、酥皮、擘酥等各种油酥面团。

所谓层酥面团，是由两部分组成，即皮面和酥面，皮面一般有水油酥皮、酵面皮和蛋面皮，大部分的层酥面坯都是以水油酥为坯皮，用水油面团包入干油面团经过擀片、包馅、成形等过程制成的酥类制品。成品成熟后，显现出明显的层次，标准要求是层层如纸，口感松酥脆，口味多变。

最好的选择是用适量水、油调制的大油面团做皮，即水油酥面团。既有水调面团的筋力、韧性和保持气体的能力，又有油酥面团的润滑性、柔顺性和起酥性，是介于这两者之间而形成特殊性能的面质。它的作用是与干油酥配合后互相间隔、互相依存，起着分层起酥的效果，使油酥面团具备成形和包捏的条件，将干油酥层层包住，解决了干油酥熟制后散碎的问题，使成品既能成形完整，又能膨松起酥，达到层酥的风味特色。

层酥性面坯是由两块性质完全不同的面坯组成部分的。由于干油酥有极强的起酥性，被包入水油面坯内经过叠、卷、擀等开酥工艺后，形成了层状结构。在层片之内，面筋网络起结构稳定的作用，油酥起主要作用。油酥经过加热，使面粉粒本身膨胀，受热失水“碳化”变脆，就达到了层酥的要求。

任务1 层酥面团

● 任务驱动

1. 了解层酥面团的概念。
2. 掌握层酥面团的调制方法。

3. 掌握层酥面团常见品种的制作方法。

4. 结合实例理解层酥面团的操作要点。

● **知识链接**

层酥面团由两块面团组成，按起酥方法的不同，又分为酥皮面团和擘酥面团两种。

酥皮面团的调制，包括调制面团和包酥两个步骤。酥皮面团按面皮的不同，可分为水油面皮类、酵面皮类及蛋面皮类面团三种。虽然皮类不同，但做法大致相同，重点介绍水油面团的调制方法。

一、水油面团的调制方法

配料：面粉、温水、猪油

工艺流程：水+油搅匀→加入面粉搅和→揉搓→成团

调制方法：将面粉放在案上，开窝，加入猪油、水，先将水油调和均匀后，再与面粉揉搓均匀成光滑的面团。

调制要点：

1. 正确掌握水、油的分配比例。一般面粉、水、油的比例为5∶2∶1。

2. 使用中筋粉，面粉要使劲揉搓，使面团起筋，揉匀揉透。

3. 注意调制面团的水温。一般为40℃，冬季水温要高一些。这样调制出的面团具有一定的筋力和良好的延伸性、可塑性。

4. 面团揉好后，用干净的湿布盖上，防止面团干裂、结皮。

二、干油酥面团的调制方法

配料：面粉500克、猪油250克

工艺流程：面粉+猪油→拌匀→擦制→成团

调制方法：面粉放在案板上，开窝，加入猪油，先将猪油与面粉拌和均匀，再用双手的掌根一层一层地向前推擦，擦完成堆后，再将其滚回再推擦。如此反复，直到擦匀擦亮，形成组织细腻、软硬适当的面团。

调制要点：

1. 原料用动物性油脂比植物性油脂起酥效果好。

2. 调制时一定要用凉油，否则面团松散，制品容易脱壳、炸边。

3. 反复推擦，擦匀、擦透，使其增加润滑性和黏性。

4. 干油酥、水油面的软硬程度要一致。

三、起酥

起酥，又称开酥，包酥是用水油面团包上干油酥，经过擀、卷、叠、下剂等形成层次，制成酥皮的过程。起酥是制作层酥制品的关键之一，一般可分为大包酥和小包酥。

1. 起酥的方法

（1）大包酥　大包酥又称为大酥，适用于大批量生产，所用的面团比较大，一次可制作十几个到几十个酥皮。优点是速度快、效率高；缺点是酥层不容易起得均匀，油酥层次少，酥松性差。

（2）小包酥　小包酥又称为小酥，一次可制作一个或几个酥皮，将水油皮、油酥分割成小面团后分别包制、擀卷。优点是容易擀卷，层次清晰，酥松性好，不易破裂；缺点是较费工时，速度慢、效率低，不适合大量制作。

2. 起酥的要点

（1）水油面和干油酥的比例要适当　水油面过多，则成品不容易分层，口感硬实，不酥松；干油酥过多则成形困难，易断裂、漏馅，成熟时易散碎。油面和酥面的比例，要视成品成熟的方法而定，如炸制品一般是3：2，烘烤的制品则可掌握在1：1的比例。

（2）水油面和干油酥的软硬度必须一致　若水油面软，干油酥过硬，起酥时易破酥；若水油面硬，干油酥软，则不容易擀制，而且酥层不清晰、不整齐。

（3）擀制时用力要均匀，轻重适当，擀出的酥皮要平整、规则、厚薄一致，才能保证酥层均匀。操作时要撒干粉，要做到少撒、勤撒，否则易脱壳发硬，卷筒时不易卷紧，造成松散，酥层之间不易粘结，造成层次不清。起酥后的酥皮应盖上湿布，并且尽快制作，防止外皮起壳而影响成形。

（4）包制时应将干油酥包在正中间，注意水油面皮四周厚薄要均匀，干油酥分布也要均匀。切坯皮的刀一定要锋利，否则会在酥层上有划痕，炸或烤出来后酥层就会不清晰。一般应边起酥边成形。

四、酥皮制品的种类及制作方法

由于油酥制品的种类花色不同，酥皮可分为明酥、暗酥、半暗酥。

1. 明酥

明酥是指制品表面酥层外露，并且酥层所占的表面积较大。明酥的表现形式一般有螺旋纹形（称为圆酥）和直线形（称为直酥）两种。明酥又可分为圆酥、直酥、排丝酥（排丝酥也是直酥皮的一种，因为排丝酥最后出来的层次也是直的）。

（1）圆酥　将面皮包入酥面，擀开折叠三层，再擀开，然后卷成圆筒形，用快刀由右端切下所需厚薄的剂子，将刀面向上，用擀棒由内至外擀成圆形皮，包馅时将被擀的一面在外包起，最终使被擀一面的圆形酥层显在外面。如眉毛酥、酥盒等。

操作要点：

① 擀制时双手用力要均匀，不可用力过猛，尤其是圆形的中心点。

② 圆形皮擀开即可，切勿反复擀制，以免影响酥层。

（2）直酥　即将起酥后的坯皮卷成圆筒形后，用快刀由右端切下长段，再顺长段一剖为二，成两个半圆形长段的坯子。将刀切面面向案板擀成长形皮，包入馅心，使直线酥纹显在外面。如萝卜丝酥饼（即宣化酥）、蚕蛹酥等。

操作要点：

①酥面的含量较其他制品要略少一点，这样在炸制时层次才显分明，如酥面过多则容易松散、穿馅。

②对于炸制时易飞酥、走层（即层次不清晰）的酥制品，如确实无法掌握好酥面与面皮的比例，在炸制时可适当升高油温，使之尽快定形，以防“飞酥”。

（3）排酥　有两种方法：

①将面皮包入酥面，擀开折叠三层，再擀开，切成若干所需大小的面片，然后将面片叠在一起，由右端用快刀切下所需厚薄的剂子，刀切面向上，用擀棒顺直酥条纹擀开，包馅即可。

②面皮及酥面分别放置于平底盘内，入冰箱冷藏1小时左右（冷藏时间视两块皮的软硬度情况而定，油酥按下去已经发硬按不动了，面皮按下去会有浅浅的手指印即可），取出，将酥面摊放于面皮之上或是面皮摊放于酥面之上（两块皮的大小需一致），反复折叠三次（即按折叠三层后擀开，再折叠三层，再擀开，再折叠三层），然后用刀斜切，擀开，包馅即可。前者适于制作量少、要求精致的点心，如“杏片花瓶酥”，而后者则适于量多、出品快的点心。

操作要点：

①起酥时两手用力须均匀，使酥面能在面皮内分布均匀，坯皮厚薄一致，以确保重叠在一起的面片厚薄一致。

②叠加在一起的面片一般不可用任何粘连液（如蛋液等），除非油量大的制品因难以叠加可在其每一层沾上少量水。

③叠起后如过软可置于冰箱冷藏片刻（至切下的剂子不变形即可取出）。

④顺直纹擀开后正反两面都可以按成品需要显露在外面（正反两面所显示出的效果是不同的，试试便知），而在另一面（也就是包馅的一面），需刷上鸡蛋液再包馅，以防脱壳、漏馅。

2. 暗酥

暗酥，即在成品表面看不见层次，只在其侧面或是剖析面才可看得见。由于制作方法的不同，暗酥又可分为圆段侧按（卷酥）和叠酥两种。暗酥的酥层藏在制品内部，熟制时因内部油酥受热熔化，气体向外散逸，故胀发性大。暗酥在酥皮类制品中用途最广。其质量要求除符合油酥制品的一般要求外，特别要求熟制后胀发大；外皮不破，酥层不露；内部层次清晰，层多且匀。

（1）卷酥　即将起酥后的坯皮卷起成筒状，由右侧切下一段，将刀切面向两侧，按扁，擀开，光面向外包馅成形即可。如白皮酥、黄桥烧饼等。

（2）叠酥　即将起酥后的坯皮反复折叠而起，再用快刀切成所需坯皮形状，或圆或方，包馅即可，如君子兰酥。

操作要点：

酥面的含量要比明酥中酥面的含量大（明酥中一般为6：4）。特别是烤制品，面皮中的含油量也要适当增加。

3. 半暗酥

半暗酥，即将起酥后的坯皮卷成圆筒形，切段后，用手沿45°角斜按下去，轻轻擀开，包馅即可，螺旋纹酥皮层在外。如桃酥、苹果酥等。适宜制作水果类的花色酥，其制品胀发大且均匀，形态逼真。

操作要点：

擀皮时中间稍厚，四周稍薄，因此酥皮类制品较特殊，仅有一部分酥层外露，经炸制后受热膨胀性较强，如果开皮时出现大小面，炸出后错层就更厉害，因此应严格掌握生坯的大小比例，要求大小一致。

实例

一、原料

精面粉2500克、酵面12.5克、猪生板油625克、香葱500克、芝麻175克、精盐75克、饴糖60克、食碱20克、熟猪油适量

二、工艺流程

调制面团（皮面、酥面）→开酥→包馅→成形→烘烤

三、制作步骤

1. 在制作烧饼的前一天晚上，取面粉500克用70~80℃的水250克（夏季用50℃的水）拌匀，摊凉至微温（20℃左右，夏季凉透）时加酵面揉匀，覆盖棉被醒发。当天早晨另用面粉630克加325克热水（温度同上）拌匀，稍凉再与已醒好的面团揉和，静醒1小时。

2. 盆内放面粉1370克，用熟猪油拌和成油酥面；芝麻淘洗干净去皮，倒入热锅中，炒至鼓起呈金黄色时出锅，摊到大匾内晾凉；猪生板油去膜，切成小丁；香葱洗净去根切成细末。取200克加猪板油丁和精盐30克拌匀；取750克油酥面，加葱末300克、精盐40克和匀。

3. 食碱用沸水化开，分数次兑入酵面里揉匀，静醒10分钟，擀成圆筒形长条，摘成100

个面坯，逐个按扁，包入油酥面7.5克，擀成长10厘米、宽6厘米的面皮，左右对折后再擀成面皮，然后由前向后卷起来，用掌心按成直径约6厘米的圆形面皮，放在左手掌心，铺上猪板油8.5克，再加带葱油酥10克，封口朝下，擀成直径约8厘米的小圆饼；上面涂上一层饴糖，糖面向下，蘸满芝麻后，装入烤盘，入炉烤约5分钟至熟即可出炉。

四、操作要点

1. 调制面团时，两块面团的软硬程度要一致，注意皮面和酥面的比例。

2. 擀制时，用力均匀适当，卷条时要卷紧。

3. 包馅时，应包在正中间，收口收严。

4. 注意烘烤温度。

五、风味特色

色泽金黄，香脆滑润。

六、相关面点

萝卜丝酥饼，盒子酥等。

七、思考题

1. 水油面的调制要点有哪些？

2. 干油酥的调制要点有哪些？

一、原料

面粉1000克，猪油400克，白糖190克，温水200 克，芝麻仁，核桃仁各25克，瓜子仁，花生仁，松子仁各20克，熟面粉150克，色拉油150克

二、工艺流程

调制面团（皮面、酥面）→开酥→包馅→成形→烘烤

三、制作步骤

1. 面粉500克放在案上，开窝，加入猪油200克、白糖40克，加入温水，将水、油、糖搅匀后，与面粉调成光滑的面团。另将面粉放在案上，开窝，加入猪油，拌匀后，反复推擦成团。

2. 将馅料中的各种果仁烤熟，压碎成粒，加入剩余的白糖、熟面粉、色拉油拌匀成馅。

3. 将水油面揉透，干油酥擦匀，以水油面与干油酥6∶4的比例分别下剂，用水油面包干油酥，收口按扁，擀成长条形，顺长对折，再擀成长条形，顺长卷起成卷状，将两头向中间折起，擀成酥皮，包入五仁馅，做成圆球形，收口朝下，再把饼边向上捏成三角形的饼坯，刷上鸡蛋液，备用。

4. 烤箱升温，上火220℃，下火200℃，将饼坯放入，约15分钟烤熟即可。

四、操作要点

1. 调制面团时，两块面团的软硬程度要一致，注意皮面和酥面的比例。

2. 擀制时，用力均匀适当，卷条时要卷紧。

3. 包馅时，应包在正中间，收口收严。

4. 注意烘烤温度。

五、风味特色

形态美观，皮酥馅软，香酥适口。

六、相关面点

老婆饼等。

七、思考题

1. 包酥的操作要点有哪些？

2. 烘烤的技术有哪些？

佛手酥

一、原料

面粉1000克、猪油350克、白糖40克、温水200 克、豆沙馅1500克

二、工艺流程

调制面团（皮面、酥面）→开酥→包馅→成形→烘烤

三、制作步骤

1. 面粉500克放在案上，开窝，加入猪油、白糖，加入温水，将水、油、糖搅匀后，与面粉调成光滑的面团。另将面粉500克放在案板上，开窝，加入猪油，拌匀后，反复推擦成团。

2. 将水油面揉透，干油酥擦匀，以水油面与干油酥6∶4的比例分别下剂，用水油面包干油酥，收口按扁，擀成长条形，顺长对折，再擀成长条形，顺长卷起成卷状，将两头向中间折起，擀成酥皮，包入豆沙馅，做成圆球形，收口朝下，把生坯搓成椭圆形，将一头按扁呈铲刀状，然后把按扁的部分切成“手指”，把中间的“手指”稍向下折一点，使两边的两个“手指”弹开成“佛手”状。把做好的“佛手”生坯摆入烤盘内，刷上鸡蛋液，备用。

3. 烤箱升温，上火220℃，下火200℃，将饼坯放入，烤约15分钟即可。

四、操作要点

1. 调制面团时，两块面团的软硬程度要一致，注意皮面和酥面的比例。

2. 擀制时，用力均匀适当，卷条时要卷紧。

3. 包馅时，应包在正中间，收口收严。

4. 注意烘烤温度。

五、风味特色

形态美观，皮酥馅软，香酥适口。

六、相关面点

眉毛酥等。

七、思考题

1. 佛手酥的操作要点有哪些？

2. 如何掌握炉温？

荷花酥

一、原料

面粉1000克、猪油400克、白糖40克、温水200 克、豆沙馅1500克、色拉油1000克

二、工艺流程

调制面团（皮面、酥面）→开酥→包馅→成形→油炸

三、制作步骤

1. 面粉500克放在案上，开窝，加入猪油、白糖，加入温水，将水、油、糖搅匀后，与面粉调成光滑的面团。另将面粉500克放在案上，开窝，加入猪油，拌匀后，反复推擦成团。

2. 将水油面揉透，干油酥擦匀，以水油面与干油酥为6∶4的比例分别下剂，用水油面包干油酥，收口按扁，擀成长方形，向中间三折，再擀成长方形，向中间三折，擀成厚薄均匀的酥皮，用圆模切成圆形坯皮，将馅心放在坯皮中心，收口捏紧，收口朝下，做成灯泡形，用刀片在顶端向四周均匀剖切成相等的六瓣，成荷花酥生坯。

3. 炒勺上火将色拉油烧至四成热时，把荷花酥生坯下入，待其浮起，待酥起花时，即用中火炸熟（需保持白色），即成荷花酥。

四、操作要点

1. 调制面团时，两块面团的软硬程度要一致，注意皮面和酥面的比例。

2. 擀制时，用力均匀适当，卷条时要卷紧。

3. 包馅时，应包在正中间，收口收严。

4. 注意烘烤温度。

五、风味特色

形似荷花，层次清晰，口感油润酥脆。

六、相关面点

鸳鸯酥，酥盒等。

七、思考题

1. 油酥面团的调制方法是什么？

2. 包酥的操作要点有哪些？

腰鼓酥

一、原料

面粉1000克、猪油400克、白糖40克、温水200 克、豆沙馅2800克

二、工艺流程

调制面团（皮面、酥面）→开酥→包馅→成形→油炸

三、制作步骤

1. 面粉500克放在案上，开窝，加入猪油、白糖，加入温水，将水、油、糖搅匀后，与面粉调成光滑的面团。

2. 另将面粉500克放在案上，开窝，加入猪油，拌匀后，反复推擦成团。

3. 将水油面揉透，干油酥擦匀，以水油面与干油酥为6∶4的比例分别下剂，用皮面包入酥面，擀开折叠三层，再擀开，折叠三折后再擀开，切成若干所需大小的面片，然后将面片叠在一起，成厚5~6厘米的面块，由右端用快刀切下所需厚薄的剂子，刀切面向上，用擀棒顺直酥条纹擀开，刷上蛋液，将馅心放在面皮中间，顺着直酥的条纹卷起，做成腰鼓形即可。

4. 炒勺上火将色拉油烧至四成热时，把灯笼酥生坯下入，待其浮起，待起酥时，改用中火炸熟(需保持白色)，即成腰鼓酥。

四、操作要点

1. 调制面团时，两块面团的软硬程度要一致，注意皮面和酥面的比例。

2. 擀制时，用力均匀适当，卷条时要卷紧。

3. 包馅时，应包在正中间，收口收严。

4. 注意烘烤温度。

五、风味特色

层次清晰，口感油润酥脆。

六、 相关面点

核桃酥，枇杷酥等。

七、思考题

1. 炸制的技术要点有哪些？

2. 包酥的操作要点有哪些？

任务2 擘酥面团

- 任务驱动

1. 掌握擘酥面团的调制方法。
2. 掌握擘酥面团常见品种的制作方法。
3. 掌握擘酥面团的操作要点。

- 知识链接

清酥面点，又称松饼，英文统称“puff pasty”。香港人、广东人称其为擘酥，或叫千层酥、多层酥。擘酥是广式面点最常用的一种油酥面团，广东人制作的擘酥沿袭了西点制作工艺，成品松香酥化，可配上各种馅心或其他半制品，如鲜虾擘酥夹、冰花蝴蝶酥、莲子蓉酥盒等。如“贵盏鸽脯”菜品，便是用西点擘酥盒烤制后，盛装炒熟之鸽脯等菜料而成的佳品。

一、酥面的调制

配料：熟猪油、面粉

工艺流程：熟猪油 + 面粉 →掺入面粉 →拌和擦制→压形→冷冻—酥面

调制方法：

在冷却凝结的熟猪油中掺入少量面粉，拌和擦制均匀，压成板形，放入特制器具内（铁箱），加盖密封，放入冰箱内，冷冻4~6小时，冷冻至油脂发硬，成为硬中带软的结实板块状，即为油酥面。

调制要点：

要掌握好用料比例，一般面粉是熟猪油重量的30%；控制好冷冻时间；一般选用凝结有韧性的熟猪油、奶油、黄油等油脂制作。传统的油酥面团制品主要使用熟猪油制作而成具有色白、酥层清晰、造型美观等特点，但吃口有些油腻，不够酥脆，冷食效果更差，使用奶油或人造奶油、起酥油代替熟猪油已势在必行。

二、水面的调制

配料：面粉、蛋液、白糖、清水

工艺流程：面粉+蛋液+白糖+水→拌和→揉搓→冷冻→水面

调制方法：

面粉倒在案板上，中间扒一坑塘，将蛋液、白糖、清水放入其中调匀，再与面粉搅拌均匀，用力揉搓，揉至面团光滑上劲为止，放入铁箱中，加盖密封，入冰箱冷冻即成。

调制要点：

掌握用料比例，每一种料都要进行称量；控制冷冻时间；面团必须揉匀搓透。

三、起酥折合叠酥的方法

具体方法是将冻硬的酥面平放在案板上，用通心槌擀压、平压等，再取出水面，也擀压成油面酥面大小相同的长方形块，放在酥面上，对正，用通心槌擀压成“日”字形，将两头向中间折入，轻轻压平，叠成四层，再擀成长方形。在第一次折叠的基础上，再用通心槌压成日字形，同上述一样第二次折叠。依此再进行第三次折叠，擀成长方形，放入铁箱冷冻半小时即可。

四、起酥的要点

1. 掌握用料比例，控制冷冻时间。
2. 酥面和水面硬度要一致。
3. 操作时采用擀、敲、压相结合的方式，落槌要轻，擀制时用力要均匀。

实例

一、原料

中筋粉500克、黄油500克、全蛋125克、水150克、白糖35克、鸡粒馅400克

二、工艺流程

调制面团（皮面、酥面）→冷冻→开酥→成形→烘烤

三、制作步骤

1. 取面粉300 克放于案板上，中间扒一凹塘，加入白糖、蛋液75克、清水搅拌至糖溶化，与面粉一起揉成面团成水皮，放在平底盘的一边；将黄油与剩余面粉擦成面团或酥面，放于平底盘的另一边，盖上湿布冷冻2小时。

2. 将酥面用通心槌擀薄皮，将水皮擀成与酥面一样大小的薄皮，放于酥面上放正，擀压成“日”字形，将两端向中间折，折成4折，再放入冰箱里冷冻。冷冻后再擀压成“日”字形，按此做法作第二次、第三次擀皮，折皮成擘酥皮，放入冰箱备用。

3. 将鸡粒馅分成26份，将擘酥皮擀薄，用印模刻出酥皮26块。

4. 每块酥皮包入鸡粒馅1份，捏成角形，排放在烤盘上在酥角表面涂上蛋液。

5. 放入200 ℃的烤箱中烤20分钟，装盘。

四、操作要点

1. 掌握用料比例，控制冷冻时间。
2. 酥面和水面硬度要一致。
3. 操作时采用擀、敲、压相结合的方式，落槌要轻，擀制时用力要均匀。

五、风味特色

色泽金黄，甘香酥化，层次分明。

六、相关面点

牛肉咖喱饺等。

七、思考题

1. 水油酥的调制方法是什么？

2. 酥面调制方法有哪些？

3. 开酥的技术要点有哪些？

4. 烘烤的技术要点有哪些？

果酱千层酥

一、原料

面粉650克、黄油500克、白糖50克、盐2克、水200克、蛋液100克、果酱200克

二、工艺流程

调制面团（皮面、酥面）→冷冻→开酥→成形→烘烤

三、制作步骤

1. 黄油500克中掺入面粉150克，拌和擦制均匀，压成板形，放入特制器具内（铁箱），加盖密封，放入冰箱内，冷冻4~6小时，冷冻至油脂发硬，成为硬中带软的结实板块状，即为油酥面。

2. 面粉500克倒在案上，中间扒一凹塘，将蛋液100克、白糖50克、盐2克、清水200克放入调匀，再与面粉搅拌均匀，用力揉搓，揉至面团光滑上劲为止，放入铁箱中，加盖密封，入冰箱冷冻即成。

3. 将冻硬的酥面平放在案板上，用通心槌擀压、平压等，再取出水面团，也擀压成油面酥面大小相同的长方形块，放在酥面上，对正，用通心槌擀压成“日”字形，将两头向中间折入，轻轻压平，叠成四层，再擀成长方形。在第一次折叠的基础上，再用通心槌压成“日”字形，同上述一样第二次折叠。依此再进行第三次折叠，擀成长方形，放入铁箱冷冻半小时即可。

4. 做好的酥皮打开，用模具切出圆形，每两片为一组，其中一片中间切出一个圆孔，这样上面的一片中间是空的，可装入果酱；下面的一片刷些蛋液，放上切孔的面片，使两层面片粘住，表面再刷蛋液。

5. 烤箱预热200℃烤约18分钟；出炉后在中间挤上果酱。

四、操作要点

1. 掌握用料比例，控制冷冻时间。

2.. 酥面和水面硬度要一致。

3. 操作时采用擀、敲、压相结合的方式，落槌要轻，擀制时用力要均匀。

五、风味特色

色泽金黄，甘香酥化，层次分明。

六、相关面点

牛角酥等。

七、思考题

1. 皮面的调制方法是什么？

2. 酥面的调制方法是什么？

3. 开酥的技术要点是什么？

蛋挞

一、原料

面粉650克、黄油500克、白糖150克、盐2克、水600克、蛋液300克、吉士粉10克、奶粉20克、淀粉20克

二、工艺流程

调制面团（皮面、酥面）→冷冻→开酥→成形→烘烤

三、制作步骤

1. 黄油500克中掺入面粉150克，拌和擦制均匀，压成板形，放入特制器具内（铁箱），加盖密封，放入冰箱内，冷冻4~6小时，冷冻至油脂发硬，成为硬中带软的结实板块状，即为油酥面。

2. 面粉500克倒在案上，中间扒一凹塘，将蛋液100克、白糖50克、盐2克、清水200克放入调匀，再与面粉搅拌均匀，用力揉搓，揉至面团光滑上劲为止，放入铁箱中，加盖密封，入冰箱冷冻即成。

3. 将冻硬的酥面平放在案板上，用通心槌擀压、平压等，再取出水面，也擀压成油面酥面大小相同的长方形块，放在酥面上，对正，用通心槌擀压成“日”字形，将两头向中间折入，轻轻压平，叠成四层，再擀成长方形。在第一次折叠的基础上，再用通心槌压成“日”字形，同上述一样第二次折叠。依此再进行第三次折叠，擀成长方形，放入铁箱冷冻半小时即可。

4. 水放入锅内烧开，加入白糖煮至糖熔化加入淀粉水，烧开即可离火，晾凉待用。糖水中加入吉士粉、奶粉调匀，鸡蛋打散放入糖水内搅匀待用。

5. 做好的酥皮打开，用模具切出圆形，装入挞模内，捏成挞模形状，装上蛋挞水，七八分满。

6. 烤箱预热至220℃，烤约18分钟。

四、操作要点

1. 掌握用料比例，控制冷冻时间。

2. 酥面和水面硬度要一致。

3. 操作时采用擀、敲、压相结合的方式，落槌要轻，擀制时用力要均匀。

五、风味特色

色泽金黄，甘香酥化，奶香浓郁，外酥里嫩。

六、相关面点

核桃酥盒等。

七、思考题

1. 开酥的技术要点有哪些？

2. 烘烤的技术要点有哪些？

任务3 单酥面团

● 任务驱动

1. 掌握单酥面团的调制方法。
2. 掌握单酥面团常见品种的制作方法。
3. 掌握单酥面团的操作要点。

● 知识链接

单酥类面团又称酥面团，其制品是由一块面团制作而成。根据制作方法的不同单酥面团又可分为混酥类和浆皮类等，成品不分层，但有一定的酥性，有的还具有一定的膨松性。

一、混酥面团的成团原理

混酥类面团是由面粉、油脂、白糖、鸡蛋、乳品、水及适量的膨松剂等调制而成的面团。混酥面团的食品具有成形方便，制品成熟后无层次，质地酥脆的特点。

调制混酥面团，必须具备蛋、水、油(乳)等物料。这些物料中的蛋、乳含有磷脂，磷脂是良好的乳化剂，它可以促进面团中油水乳化。乳化越充分，油脂微粒或水微粒就越细小。这些细小的微粒分散在面团中，就很大程度地限制了面筋网络的大量生成。这就使混酥面团具有了细腻柔软的性质。面团内加了大量的油脂，油脂在反复拌、擦时，存在大量的空气，这些空气也随着油脂搅进了面团中，待成形的坯料在加热中遇到高度热能后，面团内的空气就会膨胀。另外，混酥面团用的油量大，面团的吸水率就低。因为水是形成面团面筋网络条件之一，面团缺水严重，面筋生成量就降低了。面团的面筋量越低，制品就越松酥。同时，油脂中的脂肪酸饱和程度也和成品的酥松性有关。油脂中饱和脂肪越高，结合空气的能力越大，面团的起酥就越好。

二、混酥面团的调制方法

配料：面粉、油脂，白糖、乳品、鸡蛋、水、膨松剂等

工艺流程：面粉 + 膨松剂过筛 →油+糖+蛋搅拌均匀→ 拌、擦或叠匀成团

调制方法：

将面粉与膨松剂拌匀过筛置于案板上，中间扒一坑塘，加入油、糖、鸡蛋，将这些原料搅成均匀的乳浊液后，与面粉等拌成雪花状后再采用堆叠的方法将松散的料变成软硬适合的面团。

调制要点：

1. 油、糖、蛋要先搅匀乳化后才能拌粉，防止所加入的原料分布不匀，影响面团质量。

2. 调制及放置面团的时间不宜过长，否则会生筋，影响面团的酥性。

3. 调制面团的温度及软硬度要适宜，面团用油量越大，温度要求越低，一般在20~30℃为宜。面团过软，制作不易保持形态；面团过硬，则其制品口感不够酥松。若需加水，要一次加足，不宜在面团调制过程中再加水。

混酥类面团主要用于像杏仁酥、开口笑、甘露酥等品种。

三、浆皮类面团的调制方法

浆皮类面团又称提浆面团，是以面粉、油脂、糖浆等为主要原料调制而成的面团，具有可塑性好、口感松软、质地细腻的特点。主要目的是使面筋吸水缓慢而使面团调制均匀。

采用这种方法制作的品种也较多，代表品种有广式月饼、京式提浆饼、鸡子饼、豆沙卷等。

产品特点：外表棕黄有光，饼类表面多有纹印，质松软或松酥。有些品种表面光泽因涂蛋液所致，吸潮后易产生霉点，保管时要防止潮湿空气侵袭，平时勤加检查。

配料：面粉、油脂、白糖、柠檬酸、水、碱水等

工艺流程：白糖加水熬化→加柠檬酸→糖浆+碱水+油脂→乳浊液+面粉→抄拌均匀→揉制成团

调制方法：

1. 将白糖放于锅中加水，置于火上熔化，熬成糖浆。
2. 加入柠檬酸搅匀。加入碱水搅拌，再加入油脂，充分搅拌使之成乳浊液。
3. 面粉过筛置于案板上，中间扒一坑塘，倒入糖油乳化液抄拌均匀，揉搓成光洁的面团。

调制要点：

1. 熬制糖浆的方法要得当，不同品种对糖浆的要求不同，熬制糖浆的原料和方法都有差别，糖浆的浓度也要恰当，糖浆过稀则糖分不足，调制面团时易生筋；糖浆过稠时则面团发硬，成形时易裂口。
2. 控制好面团的硬度。面团的硬度可通过调制面团时分次加粉来调节，一般与馅心的硬度相一致。
3. 掌握好面团的调制方法。糖浆一般首先与碱水充分混合，再与油脂充分搅拌乳化。若搅拌时间过短，乳化不足，则调出的面团内部性能不一。拌面程度及面团放置时间也要恰当，多拌或面团放置时间过长，则面团易生筋。

实例

一、原料

面粉500克、熟猪油250克、杏仁12瓣、糖桂花少许、鸡蛋1只、糖粉250克、小苏打10克

二、工艺流程

面粉 + 膨松剂过筛→油+糖+蛋搅拌均匀→拌、擦或叠匀成团→成形→烘烤

三、制作步骤

1. 将面粉过筛，中间扒一坑塘，把糖粉加入，打入蛋液，擦成乳白色时加糖桂花、小苏打和熟猪油，充分搅拌乳化后加入面粉，叠

成软硬适宜的酥性面团。

2. 将酥性面团下成12只面剂，做成直径9厘米、高1.4厘米圆饼，中间戳一洞，放入一瓣杏仁，置于烤盘中。

3. 放入180℃的烤箱中烘烤15分钟，装盘。

四、操作要点

1. 油、糖、蛋要先搅匀乳化后才能拌粉，防止所加入的原料分布不匀，影响面团质量。

2. 调制及放置面团的时间不宜过长，否则会生筋，影响面团的酥性。

五、风味特色

色泽金黄，香酥可口。

六、相关面点

果酱酥，花生酥等。

七、思考题

1. 混酥面的调制方法有哪些？

2. 杏仁酥的操作要点有哪些？

绿茶酥

一、原料

奶油630克、砂糖 750克、臭粉15克、泡打粉20克、全蛋300克、低筋粉1000克、瓜子仁粉180克、绿茶粉80克、瓜子仁适量、清水少许

二、工艺流程

面粉 + 膨松剂过筛→油+糖+蛋搅拌均匀→拌、擦或叠匀成团→成形→烘烤

三、制作步骤

1. 将奶油、砂糖搓溶，再分次加入全蛋搓匀，加入混合过筛的低筋粉、臭粉、泡打粉、瓜子仁粉、绿茶粉调匀折叠成团。

2. 将面团搓成直径2厘米的长条状，切成小块。搓圆，中间压出窝状，在表面扫上清水，粘上瓜子仁。

3. 烘烤。烤箱调至上火160℃、下火150℃，烤25~30分钟即可。

四、操作要点

1. 搅拌时注意搅打速度。

2. 烘烤时间不宜太长 。

五、风味特色

酥脆爽口，色泽金黄。

六、相关面点

奶油酥，甜薄脆等。

七、思考题

1. 绿茶酥的操作要点有哪些？

2. 怎样使瓜子粘的牢？

蛋黄莲蓉月饼

一、原料

面粉500克、糖浆375克、花生油13克、碱面15克、鸡蛋100克、莲蓉馅1500克、咸蛋黄20只

二、工艺流程

糖浆+碱水+油脂→加入面粉→抄拌均匀→揉制成团→包馅→成形→成熟

三、制作步骤

1. 将面粉过筛后放于案板上，中间扒一坑塘，加入糖浆350 克、花生油、碱面搅拌均匀，调入面粉，揉成面团，醒置20分钟，剩余糖浆与蛋液拌匀。

2. 把莲蓉馅分成20份，每份包上1只蛋黄

待用。

3. 将醒好的面团分成20个面剂，每个面剂按扁后包入莲蓉蛋黄馅成圆形，收口处朝上放入模具中压成形，扣出，放入烤盘中。

4. 放进240~250℃的烤箱中烤约6分钟。

5. 趁热刷上一层糖浆、蛋液混合的浆。

四、操作要点

1. 控制好面团的硬度。面团的硬度可通过调制面团时分次加粉来调节，一般与馅心的硬度相一致。

2. 掌握好面团的调制方法。糖浆一般首先与碱水充分混合，再与油脂充分搅拌乳化。若搅拌时间过短，乳化不足，则调出的面团内部性能不一。拌面程度及面团放置时间也要恰当，多拌或面团放置时间过长，则面团易生筋。

五、风味特色

花纹清晰，金黄油润，入口软滑，有浓厚的莲子、蛋黄香味。

六、相关面点

五仁月饼，莲蓉月饼等。

七、思考题

1. 浆皮面团的调制方法是什么?

2. 月饼成形要点有哪些?

3. 月饼烘烤要点有哪些?

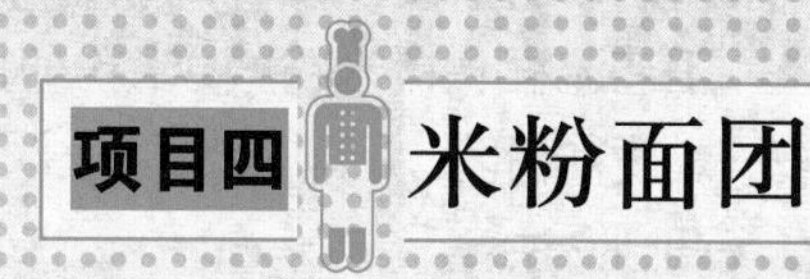

项目四 米粉面团

学习目标 1. 掌握米粉面团的概念。
2. 掌握米粉面团的成团原理及分类。
3. 掌握各种粉团各自的特性、调制技术及运用。
4. 掌握各种粉团在操作过程中的技术关键。
5. 以实例达到举一反三的效果。
6. 指出学生实践操作中易出现的问题。

米粉面团，就是指用由米磨成的粉与水及其他辅料调制而成的面团，俗称“粉团”。由于米的种类比较多，如糯米、粳米、籼米等，因此可以调制出不同的米粉面团。调制米粉面团的粉料一般可分为干磨粉、湿磨粉、水磨粉。水磨粉多数用糯米，掺入少量的粳米制成，粉质比湿磨粉、干磨粉更为细腻，吃口更为滑润。不同的米粉由于其特征不同，调制出的面团的性质也不一样。

任务1 糕类粉团

- **任务驱动**

1. 理解糕点粉团的概念。
2. 掌握糕点粉团的调制方法。

- **知识链接**

糕类粉团是由糯米粉、粳米粉或籼米粉加水、糖等拌制或加热揉接而成的粉团，可分为黏质糕粉团、松质糕粉团和加工粉团三种。

一、黏质糕粉团的调制方法

黏质糕粉团一般是先成熟后成形，原料大多为细糯米粉、粳米粉配粉，在蒸熟后经过揉揿工序，使成熟糕粉黏合在一起。成品具有韧性大、入口软糯的特点。

配料：糯米粉、粳米粉，糖（或盐）、水

工艺流程：糯米粉+粳米粉→拌粉→掺水（可加糖或盐）→静置→夹粉→蒸制→揉按→黏质糕粉团

调制方法：

根据制品要求，称取一定量的糯米粉和粳米粉拌和均匀，掺入适量的清水、白糖或盐，使糕粉达到“拢则成团，散则似沙”的效果。静置一段时间，使粉粒吸收调料和水分，然后进行夹粉（过筛、搓散的过程称之为夹粉），将粉团筛散。放入蒸桶（或箱、笼）中蒸制成熟，倒在铺有洁布的案板上，双手抓住布角将熟粉揉揿成光滑的粉团。

调制要点：

1. 配料要准确。糯米粉和粳米粉的用量必须根据制品要求而定；掺水量要根据米粉品种及加工方法、生产季节而有所不同；用糖越多，掺水量越少。

2. 加工方法要得当。拌粉要均匀；糕粉静置的时间主要由粉质和季节来控制，如冬季需静置8~10小时；春秋季3~4小时；夏季仅需2小时；在蒸制前必须先夹粉，否则糕粉结团不易蒸熟；蒸制时糕粉需逐渐加入，因为若一次加足，不易蒸透；揉揿时必须趁热进行。

3. 黏质糕把粉粒拌和成糕粉后，先蒸制成熟，再揉透（或倒入搅拌机打透打匀）成团块，即成黏质粉团。

黏质糕粉团主要适合制作桂花白糖年糕、玫瑰百果蜜糕、卷心糕、马蹄糕等黏质糕制品。

二、松质糕粉团的调制方法

松质糕粉团一般是先成形后成熟，制作时将粉放入特制的模具内成形，再蒸熟。松质糕大都以粗糯米粉、粳米粉配粉，韧性小，入口松软。

配料：糯米粉、粳米粉、白糖（或盐）、水工艺流程:糯米粉+粳米粉→拌粉→掺水（可加糖或盐）→静置→夹粉→松质糕粉团

调制方法：

将糯米粉和粳米粉按比例拌和在一起，抄拌成粉粒，静置一段时间，然后进行夹粉（过筛），再倒入或筛入各类模型中蒸制而成松质糕。松质糕粉团的配粉、拌粉、掺水、静置、夹粉的程序与黏质糕粉团相同，只不过形成的是松散的粉团，再经过入模成形、

蒸制成熟即可制成成品。

松质糕粉团主要用于制作五色小圆松糕、定胜糕、黄松糕等松质糕制品。

三、加工粉团的调制方法

加工粉团也称潮州粉团，是将糯米经过特殊加工制成的粉（称为糕粉或潮州粉），加水调制而成的粉团。其特点是软滑而带韧性，主要运用广式点心，如制作水糕皮等。

调制方法：

将糯米先浸泡一段时间，再滤干，用小火热，将糯米煸炒至水分蒸发米发脆时，取出放凉，磨制成粉，粉粒松散，一般呈洁白色，吸水力大，遇水即粘连。加水调制成粉团。具有雪白纯香、光洁柔润、精细幼滑、入口即化、营养丰富等特点。

适宜制作灯芯糕、如意糕、切片糕、麻香糕、桃片糕、云片糕、清凉糕、老婆饼、月饼馅料等各类传统糕点。

实例

花糕

一、原料

糯米粉1200克，粳米粉800克，白糖720克，清水400克，玫瑰酱、红曲米粉适量，青红丝适量

二、工艺流程

糯米粉+粳米粉→拌粉→掺水、糖→静置→夹粉→蒸制→揉搓→成形

三、制作步骤

1. 取细糯米粉600克、粳米粉400克置案板上抄拌均匀，中间扒一坑塘，加入白糖360克、玫瑰酱、红曲米粉继续抄拌均匀；再加入清水200克拌匀，过筛成糕粉。

2. 蒸桶内以竹箅垫底，桶壁抹上色拉油，先加入约1厘米厚的糕粉蒸至蒸汽透出糕粉时，将余粉陆续加入，直至加完，再续蒸10分钟取下。

3. 将熟糕粉倒在铺有洁布的案板上反复揉搓至光滑，成玫瑰味熟糖糕。

4. 用剩余的原料同法制成桂花熟糖糕。

5. 将两块糕分别搓成2厘米厚的方块，相叠后搓平直，切成40块等量均匀的块，面上撒上成青红丝即成。

四、操作要点

1. 配料要准确。

2. 加工方法要得当。

3. 蒸好糕米揉搓时，揉至无颗粒光滑为宜。

五、风味特色

红白相间，柔软相甜，入口细腻。

六、相关面点

年糕等。

七、思考题

1. 松质糕粉团的调制方法是什么？

2. 花糕制作的关键是什么？

桂花年糕

一、原料

糯米粉500克、大米粉200克、白糖400克、糖桂花50克、色拉油20克，清水适量

二、工艺流程

糯米粉+粳米粉→拌粉→掺水、糖→静置→夹粉→蒸制→揉撴→成形

三、制作步骤

1. 糯米粉、大米粉中加入白糖和适量的清水，拌成细粒状，静置数小时（夏天约1.5小时，冬天为4小时）。

2. 用漏勺筛出均匀的糕粉。

3. 蒸笼内先涂上一层油，然后放上糕粉，去盖蒸至糕粉变色，再加盖蒸10分钟，将糕粉倒在铺有洁净湿布的案板上，放上糖桂花，将糕粉反复揉和，然后切块装盘即成。

四、操作要点

1. 入笼蒸制时要用旺火沸水速蒸。

2. 蒸好糕米揉搓时，揉至无颗粒光滑为宜。

五、风味特色

香甜韧糯，桂花味浓郁。

六、相关面点

绍兴香糕等。

七、思考题

1. 桂花年糕的操作要点是什么？

2. 桂花年糕的风味特色有哪些？

重阳糕

一、原料

糯米粉1000克、粳米粉500克 、赤豆250克、白糖1000克、红绿果脯100克、红糖50克、豆油25克

二、工艺流程

糯米粉+粳米粉→拌粉→掺水、糖→静置→夹粉→蒸制→揉撴→成形

三、制作步骤

1. 先将红绿果脯切成丝，将赤豆、白糖（250克）、豆油制成干豆沙，备用。

2. 将糯米粉、粳米粉掺和，取150克拌入红糖，加水50克左右，拌成糊状粉浆。

3. 将其余的粉拌上白糖（750克），加水250克后，拌和拌透。取糕屉，铺上清洁湿布，放入1/2糕粉刮平，将豆沙均匀地撒在上面，再把剩下的1/2糕粉铺在豆沙上面刮平，随即用旺火沸水蒸。待汽透出面粉时，把糊状粉浆均匀地铺在上面，撒上红、绿果脯丝，再继续蒸至糕熟，即可离火。将糕取出，用刀切成菱形糕状，另用彩纸制成小旗，插在糕面上即成。

四、操作要点

1. 入笼蒸制时要用旺火沸水速蒸。

2. 加工方法要得当。

五、风味特色

柔软相甜，入口细腻。

六、相关面点

枣切糕，鸡丝糕等。

七、思考题

1. 重阳糕的工艺流程是什么？

2. 重阳糕有哪些寓意？

猪油定胜糕

一、原料

糯米粉1200克，粳米粉800克，白糖720克，清水400克，玫瑰酱、红曲米粉适量，甜板油丁500克，干豆沙600克

二、工艺流程

糯米粉+粳米粉→拌粉→掺水、糖→静置→夹粉→筛入模具→成熟

三、制作步骤

1. 将粗糯米粉、粳米粉放于案板上，中间扒一坑塘，加入白糖拌和，再洒入清水拌匀，静置6 小时。

2. 在静置后的糕粉中加入玫瑰酱、红曲米粉拌匀，拿出定胜糕模具一套；下面以糕板垫底，往模孔中加入糕粉至孔的一半，再放入干豆沙、甜板油丁，再用糕粉加满，刮平余粉后撒上松子仁。

3. 另取底板盖在模具上，翻身，去掉糕模及糕板。

4. 放入蒸箱足汽蒸约20分钟，装盘。

四、操作要点

1. 配料要准确。

2. 加工方法要得当。

五、风味特色

外形美观，松软香甜。

六、相关面点

素宝胜糕，椒盐猪油糕。

七、思考题

1. 猪油定胜糕的操作要点有哪些?

2. 猪油定胜糕有何特点?

任务2 团类粉团

- **任务驱动**

1. 了解团类粉团的概念。
2. 熟练掌握团类粉团的调制方法。
3. 结合实例理解团类粉团的调制关键。

- **知识链接**

一、团类粉团的概念

团类粉团是指糯米粉和粳米粉按一定的比例掺和后加水并采用适当的调制方法制作而成的粉团。根据制品成形时坯样的生熟不同，可将团类粉团分成生粉团和熟粉团两种。生粉团一般是先成形再经过加热而成熟。熟粉团一般是先成熟，再包馅成形。

二、粉团的调制方法及运用

1. 生粉团的调制方法及运用

生粉团是先成形后成熟的粉团。其制作方法是：用少量粉先用沸水烫熟或煮成芡，再掺入大部分生粉料，调拌成块团或揉搓成块团，再制皮，捏成团子，如各式汤圆。其特色是可包较多的馅心，皮薄、馅多、黏糯，吃口滑润。

生粉团调制主要有沸水粉芡拌制（泡心法）和粉芡拌制（煮芡法）两种。

配料：糯米粉、粳米粉、（沸）水等

工艺流程：

（1）泡心法　糯米粉+粳米粉→拌粉→沸水烫制→冷水和面→揉制成团

（2）煮芡法　糯米粉+粳米粉→拌粉→l/3粉加工揉成饼状→煮制成熟→加入余下2/3粉→揉制成团

调制方法：

（1）泡心法　适用于干磨粉和湿磨粉。将按一定比例配好的米粉放于案板上拌匀，中间扒一坑塘，冲入一定量的沸水将中间约1/3的米粉搅拌成厚浆，与其余的米粉拌和，反复揉擦成雪花状后再加凉水揉成光滑的粉团。

（2）煮芡法　将按一定比例配好的米粉放于案板上拌匀，取其中约l/3的米粉加凉水揉成饼状，放入沸水锅中煮至浮出水面，再用小火煮5分钟，然后与剩余的米粉一起揉拌成光滑的粉团。

调制要点：

首先，泡心法中冲入的沸水的量要恰当，若沸水过少．调成的粉团黏性低、松散、表面裂口；若沸水过多，调成的粉团黏性过高，粘手不便操作。其次，煮芡法中，熟芡的制作是关键，调制“饼”时如加水过多，下锅后会散，“饼”必须沸水下锅，浮起后需用小火煮 5 分钟。

生粉团主要用于鲜肉团、粢毛团、船点、艺术糕团等的制作。

2. 熟粉团的调制方法及运用

熟粉团是将按制品要求配制的粉经过拌粉、掺水、静置、夹粉、蒸熟后揉揿成团，再搓条、下剂、包馅、成形的粉团。熟粉团的调制方法为熟白粉拌制，其制品程序与黏质糕粉团相同。其制品特点是软糯、有黏性。

配料：糯米粉、粳米粉、清水等

工艺流程：拌粉→掺水→静置→夹粉→蒸制→揉揿→熟粉团。

调制方法：

将配好的粉料拌匀，加清水拌成糕粉，静置一段时间后，将糕粉筛入蒸桶中蒸制，

成熟后揉揿成团。

熟粉团主要用于双馅团、播沙团子等的制作。

实例

鲜肉团

一、原料

糯米粉1200克、粳米粉8000克、沸水400克、水100克、调制好鲜肉馅650克

二、工艺流程

拌粉→参水→静置→搓条→下剂→成形→成熟

三、制作步骤

1. 将细糯、粳米粉置于案板上，中间扒一坑塘，加入沸水抄拌成雪花状，加入清水揉制成米粉团。

2. 将米粉团摘成剂子40只，揿扁后包入馅心，捏拢收口，整齐排放蒸笼内。

3. 上蒸锅旺火沸水蒸约15分钟，取出装盘。

四、操作要点

沸水的量要恰当。

五、风味特色

色白软糯，馅心成鲜多卤。

六、相关面点

粢毛团，南瓜团等。

七、思考题

1. 鲜肉团有何特点？
2. 酵母团的制作过程是什么？

青团

一、原料

糯米粉2000克、麦青汁500克（或艾草、浆麦草、马兰头等绿色食用植物）、豆沙1000克

二、工艺流程

制作青汁→趁热加入糯米粉+白糖→成团→下剂→成形→成熟

三、制作步骤

1. 麦青加少量水，放入搅拌机，打成青汁；将青汁加少量盐，入锅中煮沸，以去涩味。

2. 把青汁趁热混入糯米粉后揉成面团；将粉团和豆沙分成数量相等的小剂子。

3. 将豆沙包入粉团中，搓圆，放入刷油或者垫粽叶的蒸屉中，蒸20分钟左右，至熟。

四、操作要点

1. 如果没有麦青、浆麦草、艾草、马兰头，也可以用其他绿色蔬菜代替，蒿菜、菠菜也是不错的选择。

2. 揉面过程中，粉团如果很黏手，可以再加点糯米粉。

五、风味特色

碧青碧绿，糯韧绵软，独具青叶香味，清香爽口。

六、相关面点

桂粉汤团等。

七、思考题

1. 制作青团的工艺流程有哪些？
2. 青团制作的关键是什么？

冬菜粢毛团

一、原料

糯米粉600克，粳米粉400克，鲜肉300克，冬笋500克，葱姜末各10克，糯米800克，黄酒20克，酱油40克，白糖15克，精盐10克，味精10克，水淀粉、香油适量

二、工艺流程

糯米粉+粳米粉→拌粉→沸水烫制→冷水和面→揉制成团→成形→成熟

三、制作步骤

1、鲜肉切丁；冬笋切丁；铁锅加油烧热后先投入葱姜煸出香味，放入鲜肉丁、冬笋丁，加黄酒煸炒，再加酱油、精盐、白糖、味精、水焖烧一下勾芡，淋上香油出锅。

2. 将糯米淘净，用清水浸泡4~8小时，捞出沥干水分。

3. 将糯米粉和粳米粉拌和后，开窝，加入开水拌成雪花状，再洒上冷水揉搓成团，揉到粉团光滑不粘手时，搓成条，摘成25克一只的坯子，捏成锅子状，然后放馅心，捏拢收口，搓成球状，外面滚上糯米，即成粢毛团生坯。

4. 笼内铺上草垫，将生坯放入笼里，在沸水锅上用旺火蒸20分钟左右，出笼即成。

四、操作要点

糯米要用冷水泡透。

五、风味特色

米粒晶莹饱满，馅心咸鲜适口，入口软糯。

六、相关面点

青团，水晶团等。

七、思考题

1. 冬菜粢毛团的配料有哪些？

2. 冬菜粢毛团的制作步骤是什么？

任务3 发酵类米粉团

任务驱动

1. 了解发酵类米粉团的概念。
2. 熟练掌握发酵类粉团的操的作方法。
3. 结合实例理解发酵类米粉团的操作的要领。

知识链接

发酵类粉团是用籼米粉、面肥、水、白糖等调制，经过保温发酵而制成的面团。在广式点心中较为常见。此类面团也具有发酵面团的特征，内有细密孔洞，膨大松软，有酒香味。制作成品时需要兑碱。

调制方法是用籼米粉粉浆的1/10加水调成稀糊蒸熟，晾凉后加入其余部分的籼米粉粉浆拌匀，再加入面肥、水调搅均匀，放于温暖处发酵。冬天发酵时间为10~12小

时，夏天则为6 ~8 小时发酵后再加入白糖溶化，放入发酵粉和碱水拌匀，即可制作发酵类米粉团制品。

常见的用此种面团制作的品种有棉花糕、黄松糕等。

实例

棉花糕

一、原料

籼米1千克、白糖400克、发酵粉20克、面肥200克、鸡蛋清200克、清水500克、碱少许

二、工艺流程

选料→调糊→发酵→装模→蒸制

三、制作步骤

1. 将大米洗净（至水清不浑为止），用清水泡约2小时（天冷时适当延长），捞出沥干水分。

2. 把泡透的大米磨成细浆，用200号的箩过一遍，使其细滑，然后装入布袋内压干水分，使成湿粉团。

3. 取100克粉团加入100克清水搅匀成米浆，再取200克水倒入勺内上火烧开，将米浆倒入勺内搅匀，煮成熟糊，冷却备用。

4. 将剩余的粉团、煮熟的米浆糊及面肥倒入盆内，添加200克清水，揉至软滑，静置发酵，即成糕肥。

5. 将糕肥加入白糖搅匀，待糖溶化后加入少量碱液和发酵粉搅匀，最后将鸡蛋清打起倒入再搅匀，便成糕浆。

6. 将糕浆注入小碗或小瓷酒杯（均抹油、撒扑面），上屉用大火蒸约10分钟便熟。

四、操作要点

掌握好发酵的温度和湿度。

五、风味特色

顶部开花，形若棉桃，松软香滑，米香浓郁。

六、相关面点

三色糯米糕等。

七、思考题

1. 棉花糕发酵条件是什么？

2. 棉花糕的制作步骤是什么？

项目五 其他面团

学习目标

1. 掌握其他面团的概念。
2. 掌握其他面团的分类。
3. 掌握各种面团各自的特性、调制技术及运用。
4. 掌握各种面团在操作过程中的技术关键。
5. 以实例达到举一反三的效果。
6. 指出学生实践操作中易出现的问题。

其他面团是指除了以面粉和米粉为主料所调制的面团以外的以其他原料为主料所调制的面团。其他原料是指澄粉、杂粮、豆类、蔬菜类、果品类、鱼虾蓉等。

这类面团的范围很广，各类繁多，其中包括面粉、米粉的特殊加工以及杂粮（小米、玉米、高粱等）、薯类、豆类、菜类、果类、蛋类、鱼虾类等加工的面团。此外，还有果冻、果羹等。其制品具有独特的风味和特色。

任务1 澄粉面团

- 任务驱动

1. 理解澄粉面团的概念。
2. 熟练掌握澄粉面团的调制方法。
3. 结合实例理解澄粉面团的调制要领。

知识链接

将面粉经过特殊加工提取出的淀粉叫澄粉，用沸水将澄粉烫熟以后揉制而成的面团叫澄粉面团。它在广式点心中用得较多，常用于制作精细点心，如广东的虾饺等，其制品具有色泽洁白、制品呈半透明状、细腻柔软、口感嫩滑、入口即化的特点。

澄粉面团的调制方法：将澄粉放入不锈钢盆中，水中加入盐烧沸后冲入澄粉中，迅速搅拌均匀，加盖焖5分钟，然后倒入拌有色拉油的案板上，加入生粉揉成光滑均匀的面团。

澄粉面团的调制要领：

1. 必须用沸水烫制才能产生透明感。
2. 烫制后需要焖制5分钟，使粉受热均匀。
3. 澄粉与沸水的重量比约为1∶1.4。
4. 调粉时要加点盐和色拉油。
5. 调好的面团要用干净的湿布盖醒，防止面团干硬、开裂。

澄粉面团在广式点心中用得较多，如制作虾饺、奶黄水晶花、娥姐粉果等，现在也用于制作船点。另外，根茎类、果品类面团的调制，也常需加入澄粉面团。

实例

虾饺

一、原料

澄粉500克、生粉100克、盐5克、水850克、猪油适量、鲜虾肉500克、肥猪肉150克、蛋清20克、白糖10克、味精10克、盐10克

二、工艺流程

水烧开→加入生粉→拌均匀→焖制→揉制成团
鲜虾洗净斩成蓉→肥肉切粒→搅拌成馅
} 成形→成熟

三、制作步骤

1. 清水放入锅内烧开，改为小火，加入盐，倒入澄粉和生粉搅拌均匀，加盖焖几分钟，倒在案上，揉至光滑，加入猪油揉匀即可。

2. 鲜虾肉洗净，吸干水分，用刀背斩成蓉，加入盐，搅拌至起胶，肥猪肉切成细粒，放入虾胶内，加入蛋清、白糖、盐、味精，拌匀，放入冰箱冷藏，备用。

3. 将和好的面团揉均匀，下剂，用拍皮刀压成直径8厘米的圆形面皮，左手拿做好的虾饺皮，包入馅心，推捏成弯梳状的饺子形。

4. 将加工好的生坯放入笼内用旺火蒸5分钟左右，出笼即可食用。

四、操作要点

1. 调制面团时，生粉和澄粉要用开水烫匀，掌握加水量。

2. 馅心的水分和黏性要合适，放入冰箱冷冻后便于包捏。

五、风味特色

色泽洁白，馅心鲜嫩，形态美观。

六、相关面点

白菜饺，知了饺等。

七、思考题

1. 澄粉面团的调制要点有哪些？
2. 虾饺的制作手法有哪些？

任务2 杂粮面团

任务驱动

1. 了解杂粮面团的概念。
2. 掌握调制杂粮面团的工艺流程。
3. 掌握杂粮面团操作过程中的技术关键。

知识链接

杂粮面团是将杂粮如玉米、高粱、荞麦、莜面、小米等加工成粉，采用适当的调制方法调制而成的面团。有的面团直接用杂粮粉加水调制而成，有的则需用杂粮粉与面粉、豆粉或米粉等掺和再调制成面团。

杂粮面团常见于制作有地方特色的品种，如小窝头、荞面枣儿角、芝麻荞圆、莜面栲栳、玉米面丝糕、荞面煎饼、黄米糕、小米煎饼、黄米粽、高粱团等。

实例

玉米面丝糕

一、原料

面粉400克、水300克、玉米粉100克、老酵面50克、红枣125克、食碱液少许

二、工艺流程

玉米粉+面粉→加入碱液揉透→加入红枣→蒸熟→切块

三、制作步骤

1. 把红枣洗净放入碗内，加适量清水，上笼蒸熟，沥去水分待用。

2. 用300克清水把老酵面调开，加入玉米面、面粉和成面团，待发酵后加入少许碱液揉透。

3. 取笼1只，铺上湿布，将面团放入笼内，放入枣用手抹平（厚约2厘米）。

4. 上蒸锅足汽蒸20分钟，取出放于案板上，改刀成菱形块。

四、操作要点

1. 注意玉米粉和面粉的比例。
2. 掌握面团的发酵时间。

五、风味特色

色泽金黄，膨松暄软，香味浓郁。

六、相关面点

发糕等。

七、思考题

1. 面粉与玉米面的比例是多少？
2. 玉米面丝糕有何制作关键？

红薯面窝窝头

一、原料

面粉400 克、水500克、红薯粉400克、糯米粉100克、白糖200克

二、工艺流程

红薯粉+面粉+糯米粉→加入白糖→加入水→成团→成形→蒸熟

三、制作步骤

1．将红薯粉、面粉和糯米粉掺和均匀，加入白糖，加入开水调和成团。

2．把面团揉透搓条，下剂25克，揉圆后，做成上尖下圆宝塔形，底部有洞的形状，即为生坯。

3．将生坯放入笼内，足汽蒸10分钟，即可食用。

四、操作要点

注意红薯粉和面粉的比例。

五、风味特色

香味浓郁，软糯香甜。

六、相关面点

玉米面窝窝头。

七、思考题

1．杂粮面团的调制方法有哪些？

2．窝窝头的制作要领有哪些？

任务3 豆类面团

- **任务驱动**

1．了解豆类面团的概念。

2．掌握调制豆类面团的工艺流程。

3．掌握豆类面团操作过程中的技术关键。

- **知识链接**

豆类面团就是将各种豆加工成粉或泥，经过调制而形成的面团。它具有豆香浓郁、色彩自然的特点。调制时应根据原料的特点和成品的要求，灵活掌握掺入其他粉的数量，控制面团的软硬度和黏度，突出豆类自身的特殊风味。

常见的品种有豌豆黄、南国红豆糕、绿豆糕、芸豆饼、扁豆糕、豇豆糕等。

实例

豌豆糕

一、原料

白豌豆500克、白糖250克、红枣75克、食用碱面1克

二、工艺流程

白豌豆去皮碾碎 + 红枣煮烂→加水煮成豌豆泥→加入白糖→晾凉

三、制作步骤

1. 把白豌豆去皮碾碎；红枣洗净煮烂，制成枣汁待用。

2. 铝锅放于火上，加入1500克水，放入白豌豆渣、碱面，烧开后小火煮1.5小时成稀糊状，过筛制成白豌豆泥。

3. 铝锅上火，将豌豆泥、白糖、红枣汁倒入锅中翻炒至起稠，倒入不锈钢盘中晾凉，上面盖上干净湿布放于冰箱，吃时用刀切成小方块或菱形块，装盘即可。

四、操作要点

白豌豆要煮至熟透。

五、风味特色

色泽淡黄，甜凉，细腻，入口即化。

六、相关面点

绿豆糕，红豆糕等。

七、思考题

1. 豌豆糕的制作过程是什么?

2. 豌豆糕有何风味特色?

任务4 蔬菜类面团

任务驱动

1. 了解蔬菜类面团（薯类面团）的概念。
2. 掌握调制蔬菜类面团（薯类面团）的工艺流程。
3. 掌握蔬菜类面团（薯类面团）操作过程中的技术关键。

知识链接

蔬菜类原料主要是指蔬菜中的根类、茎类和果类蔬菜，如土豆、山药、红薯、芋头、荸荠、南瓜等。将这些原料加工形成泥、蓉或磨成浆、制成粉，再经过调制即可形成面团。其成品往往带有特殊的香味。

常见的品种有象生雪梨、山药糕、五香芋头糕、荔浦香芋角、马蹄糕、土豆丝饼、南瓜饼、芋蓉、冬瓜糕、山芋沙方糕等。

实例

桂林马蹄糕

一、原料

一级马蹄粉250克、白糖500克、马蹄100克、清水1375克、色拉油5克

二、工艺流程

马蹄粉调浆→加入糖水→煮沸→加入马蹄肉→蒸熟

三、制作步骤

1. 将马蹄肉切成小粒，把马蹄粉倒在不锈钢盆中，加清水500克。搅拌至溶化，用细筛过滤成为稀粉浆。

2. 将剩余清水倒在锅中，加入白糖煮沸化开，过滤成糖水。待糖水略凉与稀粉浆混合，分作甲、乙两盆糖粉浆。

3. 将装有糖粉浆的甲盆放于沸水中，不停搅拌至烫成“挂糊”时离火，然后将乙盆糖粉浆倒入甲盆中拌匀成半熟糊浆，再加入马蹄肉。

4. 将半熟糊浆倒入涂有生油的放盘内，用中火蒸约20分钟即成，出笼冷却后改刀装盘。

四、操作要点

掌握好马蹄糕的调浆。

五、风味特色

清香可口，软韧夹爽。

六、相关面点

南瓜饼，山药糕等。

七、思考题

1. 马蹄糕的操作要领有哪些？

2. 蔬菜类面团的调制工艺流程是什么？

像生雪梨

一、原料

土豆500克、糯米粉300克、白糖200克、豆沙馅500克、色拉油1000克、面包糠50克

二、工艺流程

土豆蒸熟→加入白糖、糯米粉→成团→包馅→成形→成熟

三、制作步骤

1. 土豆洗净切块放蒸屉中，大火蒸15分钟，蒸熟后待凉，压成泥；将白糖、糯米粉加入蒸熟的土豆泥，揉成面团

2. 将粉团搓成条状，下剂，在手掌上按扁，包入豆沙馅，收口，揉成梨形，沾上一层面包糠，用豆沙馅做梨柄，即成生坯。

3. 锅内油烧至四成热，下入生坯，炸至金黄色即可。

四、操作要点

1. 根据土豆的含水量，掌握糯米粉的用量。

2. 注意炸制的油温。

五、风味特色

外酥里糯，香甜适口。

六、相关面点

土豆饼等。

七、思考题

1. 怎样制作土豆泥？

2. 还可用其他什么原料制作此点心？

任务5 果品类面团

● 任务驱动

1. 了解果品类面团的概念。
2. 掌握调制果品类面团的工艺流程。
3. 掌握果品类面团操作过程中的技术关键。

● 知识链接

果品类原料主要是指水果、干果仁和糖制果制品，如莲子、柿饼、栗子、菱角、栗子等。这些原料经过加工形成泥与面粉、糯米粉或澄粉等调制而成的面团叫果品类面团。其制品具有天然的香味，入口柔糯黏滑。

常见的品种有莲蓉卷、栗蓉糕、黄桂柿子饼、山楂奶皮卷等。

实例

一、原料

面粉500克、柿子500克、熟面粉65克、绵白糖125克、黄桂酱7.5克、玫瑰酱7.5克、核桃仁7.5克、青红丝5克、猪板油38克

二、工艺流程

选料→调馅→和面→成形→成熟

三、制作步骤

1. 将猪板油去膜，切成0.5厘米见方的丁，把青红丝、核桃仁切碎。用65克熟面粉与黄桂酱、玫瑰酱拌匀，加入板油丁、白糖、青红丝末、核桃末等揉搓成馅。

2. 将面粉250克放在案板上，扒一凹塘，柿子去蒂、皮，放入坑塘内，搅拌成糊，揉成团，再加入250克面粉揉成较硬的面团。

3. 将柿子面团摘成每只50 克重的剂子，按扁包入糖馅15 克，收口形成球状，放入装有50克色拉油的鏊中烙烤，待底面变黄时压成扁圆形，翻身，烙约15分钟，待两面颜色均匀时即成熟。

四、操作要点

成形时收口要严实，注意烙制的油温。

五、风味特色

色泽焦黄，气味芳香，柔软甘甜。

六、相关面点

瓜饼等。

七、思考题

1. 黄桂柿子饼的制作步骤是什么?
2. 黄桂柿子饼的用料是多少?

任务6 鱼虾蓉面团

任务驱动

1. 了解鱼虾蓉面团的概念。
2. 掌握调制鱼虾蓉面团的工艺流程。
3. 掌握鱼虾蓉面团操作过程中的技术关键。

知识链接

鱼虾蓉面团主要是指净鱼肉、虾肉馅加工成蓉，再与澄粉等调制而成的面团。其成品具有爽滑、口味鲜爽的特点，在广式点心中用得较多。

常见的品种有鱼皮鸡粒角、百花虾皮甫、汤泡虾蓉角、冬笋明虾盒等。

实例

汤泡虾蓉角

一、原料

鲜虾肉500克、精盐10克、一级生粉45克、鸡蛋清100克、粟粉5克、馄饨馅800克、上汤1500 克、鲜菇150克、韭黄50克 、味精5克

二、工艺流程

虾肉剁蓉→加入生粉、粟粉→制皮→包馅→成形→成熟

三、制作步骤

1. 鲜虾肉洗净后用白毛巾吸干水分，剁成蓉状，加入精盐1 克打至生成胶黏性，加入鸡蛋清2克拌匀，再加入过筛的生粉、粟粉揉成虾蓉面团，静置5分钟。

2. 将虾蓉面团搓条切成12.5 克一只的小粒，撒上生粉，将小粒擀成6.5 厘米直径的圆形薄皮，有序地排在盘中白纸上，盖上白布备用。

3. 韭黄洗净切段，鲜菇用加了盐的沸水烫1~2分钟后捞起晾去水分，各分成20份，鸡蛋清调开后待用。

4. 馄饨馅分成80份，每块虾蓉皮包上1份馄饨馅，皮边涂上蛋清、将虾蓉皮对称捏成角形。

5. 每只碗内放上鲜菇、韭黄各1份。虾蓉角入沸水锅煮熟，每4只放于一小碗中，舀入煮沸的上汤，加入盐、味精调味即成汤泡虾蓉角。

四、操作要点

粉料要过筛，包制馄饨时，皮的边缘一定涂上蛋清。

五、风味特色

透明光亮，汤清味鲜，品感爽滑。

六、相关面点

冬笋明虾盒，百花虾皮脯等。

七、思考题

1. 鱼虾蓉面团的调制工艺是什么？
2. 汤泡虾蓉角的操作要点有哪些？

参考文献

[1] 孙长杰. 面点技术（第二版）. 北京：中国劳动和社会保障出版社，2007.

[2] 邵万宽. 中国面点. 北京：中国商业出版社，1995.

[3] 钟志慧. 面点工艺学. 成都：四川人民出版社，2011.